Snake church

Omslagsfoto:

Framsida: Pixabay, Russell Lee (bild beskuren)

Baksida: Phil Dunning

Förord

Denna bok är sprungen ur mitt genuina intresse för ormar och min nyfikenhet på religion och historia.

Stort tack till alla som hjälpt mig att få boken från idé till färdig produkt.

Tack alla för att jag fick använda era bilder! Även tack till er som laddat upp bilder, fria att använda, på nätet! Samtliga fotografer är omnämnda under respektive bild.

Denna gång fick jag tyvärr korrekturläsa själv, hoppas att det inte påverkat textens kvalité för mycket eller att onödigt många faktafel har fått följa med till tryck.

Utan en förstående familj hade denna lilla bok säkerligen inte kommit till, tack Jenny, Ludwig och Jacob! Jag lägger alldeles för stor tid på herpetologin, men ni låter mig.

Till sist, ett stort tack till dig som väljer att läsa min bok! Jag hoppas att du finner ämnet lika intressant som jag gör!

/Rickard

Rickard Ljunggren

SNAKE CHURCH

Impressum

Fotografi: Omnämnda under respektive bild.

Korrekturläsning: Rickard Ljunggren

Förlag: BoD – Books on Demand, Stockholm, Sverige
Tryck: BoD – Books on Demand, Norderstedt, Tyskland

ISBN: 978-91-8027-809-6

Innehållsförteckning

1. Inledning

Varje år blir uppskattningsvis 7 000–8 000 människor bitna av giftormar i USA. Av dessa dör ungefär fem personer per år, men antalet dödsfall skulle vara mycket högre om människor inte sökte vård. En viss överrepresentation av de religiösa utövarna från Appalacherna som boken tar upp kan ses. Dels kommer de frekvent i kontakt med giftormar, dels vill de gärna vända sig till Gud istället för till sjukvården efter ett giftormsbett. De kyrkor som praktiserar hantering av giftormar under sina gudstjänster är en försvinnande liten del av amerikansk kristendom. Det är en liten del av den amerikanska pingstkyrkan, de flesta som tillhör den amerikanska pingströrelsen kommer inte i kontakt med ormar oftare än vad man gör i svenska kyrkor.

De flesta betten i USA med dödlig utgång tillskrivs skallerormar av olika arter, men även bett från kopparhuvud leder i enstaka fall till döden. Kopparhuvudet är den art som står för flest giftormsbett i landet, men betten har sällan dödlig utgång. Skallerormsbett har ungefär fyra gånger högre sannolikhet att resultera i dödsfall än vad ett bett från kopparhuvud har. Flest bett per år sker i North Carolina, följt av West Virginia, Arkansas, Oklahoma och Virginia i fallande ordning. Män blir oftare bitna än kvinnor. Har jag rätt för mig ser det likadant ut med huggormar i Sverige, män är något överrepresenterade i statistiken. I den amerikanska statistiken syns även bett från svart mamba, monokelkobra och andra arter av giftorm som hålls i terrarium, men dessa bett står för en liten andel av det totala antalet bett.

Ett nästan världskänt bett från de religiösa frikyrkorna i USA fick pastor Jamie Coots år 2014. Coots blev biten av en skogsskallerorm i höger hand under en gudstjänst i hans kyrka "Full Gospel Tabernacle in Jesus Name church" i Middlesboro,

Kentucky. Efter bettet tappade Coots ormarna, men plockade sedan upp dem igen och fortsatte ceremonin. Efter gudstjänsten kördes han till sitt hem, trots sitt hälsotillstånd. När ambulanspersonal anlände fick de inte ge honom medicinsk behandling då det inte var förenligt med hans tro. Jamie Coots dog i hemmet. Längre fram i boken kan du läsa mer, både om Coots och om skogsskallerormar.

Att hantera ormar är en religiös rit som förekommer i ett antal kyrkor på landsbygden i sydöstra USA. Dessa kyrkor ingår i Helgelserörelsen, Pentekostalismrörelsen, Charismatic Christianity eller i någon annan av de fåtal rörelser med en protestantisk inriktning som förenar stark bibeltro med väckelsefromhet och betoning av helgelse. Helgelse är enligt kristen tro den process varigenom den kristne förvandlas till allt större helighet och likhet med Kristus.

Skallerormen, som nog för oss alla är den mest kända ormen från USA, ingår i dessa riter. Skallerormen är dock inte en art, utan ett släkte av ormar som ingår i familjen huggormar. I denna familj av huggormar ingår även kopparhuvudet och vattenmockasinen, två andra amerikanska giftormar som används i religionsutövandet. Boken kommer främst att ta upp de arter som ingår i kyrkornas ritualer, men även nämna andra ormarter från regionen.

Jag har hittat uppgifter om att även kobror har använts i kyrkans värld, men inte fått det bekräftat och har därför inte med det i boken. Någonstans läste jag om pastorer som börjat besöka reptilmässor för att köpa asiatiska kobror och palmhuggormar, men jag får se uppgifterna som obekräftade. Ormarna som används i dessa kyrkor är plockade i naturen, det rör sig alltid om arter som förekommer i närområdet kring kyrkan. I vissa fall köps ormarna av någon som fångat in dessa, men det vanliga är att pastorn eller någon i församlingen letar orm i naturen. Ormarna hålls sedan i terrarium, stängda trälådor eller liknande mellan gudstjänsterna, men det finns återkommande uppgifter om att dessa viltfångade djur inte blir så gamla i fångenskap.

Tanken är att denna bok ska försöka balansera mellan att berätta historien bakom dessa religiösa riter och berätta om de amerikanska giftormar som vanligtvis ingår i gudstjänsterna. Jag ska försöka gestalta ritualerna, en del betydande personer och giftormarna. Vi ska även ställa oss frågan vilka konsekvenser utövandet får, för ormar och människor. Min tanke är inte att göra narr av religiösa människor eller människor från amerikanska södern. Jag tycker att detta fenomen med gudstjänster där man riskerar livet är lite galet och jag är lite nyfiken på vilka människorna är samt vad som driver dessa till att göra det de gör. Att någon har en kristen tro, eller någon annan tro för den delen, ser jag inget konstigt med även om jag själv inte är troende. Det förvånar mig lite att man kan välja att gå så långt i sitt trosutövande att man riskerar eget liv och hälsa, eller andras för den delen. För mig är det extremt, samtidigt som det är lite spektakulärt med just hanteringen av giftormar. Jag har själv giftormar, men jag skulle aldrig utsätta mig för de risker som man gör i dessa kyrkors värld. Jag skulle heller aldrig utsätta mina ormar för den stressande hantering som sker i kyrkan eller den undermåliga djurhållning som vissa av dessa människor har.

Foto: Pixabay, även på sidan 11.

Idén att ha med giftormar under gudstjänst lär ha hämtat sitt tankegods från Helgelserörelsen. Det är en kristen väckelserörelse byggd på John Wesleys helgelselära. John Wesley föddes den 17 juni 1703 i Epworth i Lincolnshire och dog den 2 mars 1791 i London. Han var en brittisk präst och teolog och är framförallt känd som grundare av metodismen. Wesley har myntat begreppet "fullkomlig helgelse", synonymt med kristen fullkomlighet. Han var en stark nykterhetsförkämpe och motarbetade den sociala utslagning som blev en av följderna av industrialismens frammarsch. Han var även en starkt kritisk till smuggling och slavhandel, men hade troligtvis väldigt lite med ormar att göra. 1735 åkte han till Georgia för att verka som missionär bland kolonister och ursprungsamerikaner. 1738 återvände han till England, antagligen utan att kunna gissa att han satt grunden till att religiösa människor knappt 200 år senare skulle börja dansa med giftormar.

Att dansa med och hantera giftormar i amerikanska kyrkor har sitt ursprung i början av 1900-talet i Appalachia. Dansandet med ormar under gudstjänsten spelar egentligen bara en liten roll i religionsutövandet, men är naturligtvis det som man känner till om man inte är medlem i Helgelserörelsen eller råkar ha ett stort intresse för religion. Medlemmar själva säger att för stor vikt läggs på ormarna av utomstående människor och att de själva bara är vanliga människor som utövar religion.

Appalachia är en kulturell region i östra USA som sträcker sig från den södra delen av staten New York till norra Alabama och Georgia. Medan bergskedjan Appalacherna sträcker sig från Kanada till Alabama, hänvisar Appalachia vanligtvis bara till den kulturella regionen i de centrala och södra delarna av området. Att hantera giftormar i kyrkan är inte direkt ett storstadsfenomen, utan det sker i små kyrkor i ännu mindre hålor. Medlemmarna i församlingarna känner ofta varandra och det händer att pastorskapet går i arv inom familjen.

Rörelsens övertygelser och hantering av giftiga ormar har dokumenterats i flera artiklar och filmer och har varit drivkraften bakom ett antal delstatslagar relaterade till hanteringen av giftiga djur. Med början på 1940-talet antog flera sydstater lagar som förbjöd ormhantering i religiösa gudstjänster. Lagen i Georgia skrevs efter att en sexårig flicka blivit biten under en gudstjänst nära Adel i Cook County. Polisen arresterade både hennes far och församlingens pastor, Warren Lipham. 1941 antog Georgia en lag som gjorde ormhantering till ett grovt brott som skulle straffas med tjugo års fängelse vid skada på annan eller ge dödsstraff om skadan slutade med dödsfall. Lagen upphävdes på 1960-talet. Idag är hanteringen av giftiga ormar i Georgia laglig endast med tillstånd.

I Tennessee är det olagligt att visa någon giftig reptil på ett sätt som kan utsätta andra för fara, Alabama har en liknande lag. I Kentucky är det olagligt att visa någon reptil vid en religiös ceremoni. Åtal och straff är rätt sällsynt och mycket sker numera bakom stängda dörrar. Även de som sökt uppmärksamhet via media, tv och sociala medier kommer undan, det verkar inte vara brott som prioriteras. USA har tyvärr inte lika starkt djurskydd som vi har här i Sverige, särskilt inte om vi tittar på ormar. Samtliga ormar är fridlysta i Sverige, i vissa delstater i USA gör man t om jippo och familjefest av att fånga in och döda skallerormar. Evenemang som går ut på att döda skallerormar är starkt ifrågasatta av djurrättsorganisationer, men hittills har man inte lyckats sätta stopp för djurplågeriet.

Det är lätt att avfärda medlemmarna i dessa kyrkor som galna hillbillies och det ligger kanske en hel del i det. Kan man vara vid sinnes fulla bruk och ändå delta i detta spektakel? Är det rimligt att riskera sitt liv i guds namn?
Jag själv är inte troende och går inte i kyrkan om det inte handlar om dop, bröllop eller begravning. Andra får för mig gärna ha sin tro, oavsett vilken gud de tillber. Jag har däremot alltid tyckt att djupt troende är lite främmande och ibland nästan skrämmande. Oavsett om de talar i tungor, dansar med giftormar eller mässar som i trance. Alltför intensiva människor som gapar och fäktar känns lite obekvämt och skrämmande, särskilt om det görs i religionens namn. Ännu mera skrämmande är det naturligtvis när troende har övertygelsen att man bör skada andra i sin guds namn, men det är utanför ramarna i denna bok. De som dansar med ormar skadar kanske sig själva och eventuellt andra församlingsmedlemmar, men de vill inte dig eller mig illa. De vill egentligen inte ormarna heller illa, men deras utövande går ut över de ormar som fångats in för att användas som rekvisita.

Tyvärr har jag sett videoklipp som påvisar en rejäl oförståelse för ormar och deras välmående. Jag såg ett klipp där en vuxen man ställer sig på en skallerorm och står kvar medan han mässar för församlingen. Naturligtvis är ingen orm gjord för att tåla tyngden av en fullvuxen man. Reportern som bevittnade händelsen frågade pastorn efteråt om det inte skadade ormen att han stod på den. Till svar fick han en utläggning om ormars anatomi, med en slutkläm om att ormar inte kunde ta skada av att man stod på eller trampade på dem.

Rent allmänt är det så att ormarna naturligtvis mår bäst av att bli lämnade i fred. För ormen innebär en gudstjänst full kalabalik och ett oerhört stresspåslag. Det är tyvärr djurplågeri, oavsett om du väljer att trampa på ormen eller ej.

Dödsfall av giftormsbett har förekommit sedan församlingarna startade och det förekommer fortfarande. Många pastorer och en del församlingsmedlemmar i ormhanterande kyrkor blir förr eller senare bitna. Många överlever med mindre skador, men ett bett kan ha dödlig utgång. Kritiker av detta religiösa utövande hävdar att ormarna ofta är uttorkade och undernärda, vilket gör dem mindre benägna att bita och därmed mindre farliga att hantera. Den kända pastorn Jamie Coots, som även blev något av en reality-stjärna, förnekade dessa påståenden. Zoologer har undersökt fekalt material från församlingarnas ormar och kommit fram till att många ormar är undermatade och uttorkade. Omhändertagna ormar dör i rätt stor utsträckning.

Bara för att dessa bett sällan är dödliga om man har förståndet att söka vård, betyder det inte att de inte är extremt smärtsamma bett man kan råka ut för. Ormarnas gift angriper centrala nervsystemet, men orsakar också svår smärta, kramper, vävnadsdöd, förlamning, nervskador och organsvikt.

Det är inte som i filmens värld, att man får en spruta serum, reser sig upp igen och borstar av eventuellt damm från skjortan. Det tar tid att återhämta sig efter ett giftormsbett, kanske har man fått permanenta nedsättningar eller skador. Operationer och vävnadsdöd kan ge fula ärr.

Foto: Pixabay. Kopparhuvud som gömmer sig i torrt gräs.

Det är inte helt ovanligt att pastorer och församlingsmedlemmar som blivit bitna väljer att avstå vård. Har man den rätta tron överlever man giftet... Häri ligger nog en del av idén med att hantera giftormar i kyrkan, genom att inte bli biten eller genom att överleva ett bett visar man för sig själv och för sin församling att man har den rätta tron. Man har uppnått fullkomlig helgelse och har nu bevis för det. På senare år har det dock skett en förändring. Numera tolkar många yngre utövare bibelns text som att man vid behov får söka vård. Ralph Hood, professor vid University of Tennessee, som specialiserat sig på religionspsykologi, sade i en intervju att vägran att ringa 911 för att få hjälp nu anses vara "old school". Yngre pastorer hävdar att ingen vers i bibeln förbjuder någon att söka hjälp för allvarliga bett. Man söker helt enkelt hjälp hos både Jesus och hos närmaste sjukhus. Äldre ormhanterande pastorer som Jimmy Morrow tror på att hålla fast vid sin traditionella tro.

-"Jag har blivit biten två gånger av kopparhuvud och jag gick inte till en läkare. Jag stannade bara hemma och Herren helade mig. Jag känner många bra bröder och systrar som säger att när de dör vill de dö, medan de utövar evangeliets tecken."

2019, i "House of the Lord Jesus Church" i Squire, West Virginia, reste sig en östlig diamantskallerorm upp i luften och sänkte sina huggtänder i pastor Chris Wolfords högra underarm. Allt stannade av när 46-åringen föll ihop. Hans läppar och tunga svullnade tills han knappt kunde andas. Det hade gått sju år sedan hans äldre bror, Randy, hade blivit biten av en skogsskallerorm när han genomförde en väckelse i en delstatspark i West Virginia. Den äldre brodern Randy vägrade ringa efter ambulans och det tog ca 10 timmar innan han dog. Kanske med broderns öde i åtanke ringde en församlingsmedlem efter ambulans när Chris Wolford blivit biten. På regionsjukhuset fick Chris njursvikt och läkare skar upp hans arm för att lindra svullnaden som drog ihop hans muskler och nerver. Efter 13 dagar och flera operationer kunde han lämna sjukhuset. Han är nu tillbaka i predikstolen och hanterar giftormar, men han vägrar att kommentera sitt beslut att söka medicinsk hjälp.

Det är kanske just så det är? Man gör kanske bort sig lite om man fegar ur och söker vård? Samtidigt är det ju rätt roligt att överleva, även för en "ormpastor"? Jag tror att så länge det finns de som håller fast vid det traditionella sättet att förhålla sig till bett och vård så kan det kännas lite skamligt att söka vård. Finns fenomenet kvar i framtiden har det säkert, med hjälp av generationsskiften, helt gått över till att det är självklart att söka vård. Gissar jag i alla fall, framtiden får utvisa om jag gissat rätt.

Markusevangeliet 16:18, saxat från 1917 års svenska översättning av Bibeln:

Ormar skola de taga i händerna, och om de dricka något dödande gift, så skall det alls icke skada dem; på sjuka skola de lägga händerna, och de skola då bliva friska.

Från denna korta text har man hämtat inspirationen till att fånga giftormar i skogen, ta med dessa i sin gudstjänst och därmed riskera både djurs och människors hälsa. Det händer även att man dricker gift under gudstjänsterna, men det handlar inte om ormgift. Ofta är det utspätt stryknin, men batterisyra förekommer också. Även om man mår dåligt av att dricka gifterna så är dessa utspädda så att man aldrig riskerar livet. Men hur mår egentligen kroppen i långa loppet av att dricka gift varje eller varannan gudstjänst? Hur man än spär ut det så kommer vi inte ifrån det faktum att batterisyra och stryknin inte är till för invärtes bruk.

Foto: Pixabay

Foto: Pixabay.

Helgelserörelsen var inte först med att införliva ormar i sina religiösa riter, de var inte ens först i USA. Hopifolket är en stam från nordöstra Arizona, USA. De tillhör ökenpueblofolkens kultursfär och att dansa med ormar ingår i deras religionsutövande. Den mest kända av Hopifolkets kachinariter är ormdansen, då man dansade medan man hanterade levande ormar.

2. Appalachia

Foto: Pixabay

Filmen "Den sista färden" (Deliverance) från 1972 utspelar sig och filmas i Appalacherna i Georgia. Filmen framställer människorna från regionen som inavlade, bakåtvända och farliga och skildrar regionen som väldigt fattig och efter i utvecklingen. Dokumentären "The Deliverance of Rabun County" från 2012 utforskar hur filmen påverkade människorna i regionen och hur de kände inför hur de skildrades. Många av dem som intervjuades för dokumentären kände förbittring över sättet de porträtterats på. Skräckfilmsserien "Wrong Turn" består av sju filmer som släpptes mellan 2003 och 2021. Varje film i serien utspelar sig på olika platser på landsbygden i West Virginia och följer historien om en grupp (ny grupp i varje film) resenärer som går vilse i skogen. Stereotyper av människorna i Appalachia skildras mest i filmerna som inavlade och kannibalistiska monster som jagar och dödar gruppen av resenärer. Två exempel på hur filmer porträtterar människor från Appalachia.

Tittar man på reality-tv finns det mycket som utspelar sig i regionen. Några exempel är "Moonshiners", "Snake Salvation", "Hillbilly Handfishin´" och "Swamp people". Det samtliga serier har gemensamt är att det inte direkt är helt vanliga människor som får en plats i serien, det är människor som mer eller mindre lever ett liv utanför samhället med delvis egna regler. Jag förstår att det inte blir bra tv att filma helt vanliga människor som lever helt ointressanta liv, men denna ensidiga porträttering inom film och tv spär på gamla fördomar om hur människor i Appalachia är. Visst är det bara film och tv och det är bara underhållning och ska inte ses som något som beskriver sanningen. Men någonstans har vi hämtat vår uppfattning om hillbillies ifrån. Få av oss har varit på plats och träffat dessa människor, men många av oss har en bestämd uppfattning om dessa människor. Många har en negativ syn på Appalachia och dess invånare på grund av den "appalachiska stereotypen". De generaliseringar som människor som bor utanför regionen har mot platsen och dess invånare går ut på att Appalachia är laglöst, våldsamt, fattigt, nedgånget och obildat.

Hillbilly är en (ofta nedsättande) term som används för människor som bor på landsbygden i bergiga områden i USA, bland annat i Appalachia där fenomenet med giftormar i kyrkan är som vanligast. Folk från regionen uppfattas till stor del vara fattiga, vita, lantliga och osofistikerade. Den stereotypa gestaltningen av folket därifrån är "barn i ljusa gråbruna kläder med smutsiga ansikten, väderbitna kvinnor som sitter och röker på trappan till villavagnen och män med spritproblem och nära till våld". Människorna från regionen förväntas vara smutsiga, något som kan ha sitt ursprung i den stora mängden kolgruvearbetare förr i tiden. Tonårsgraviditet, arbetslöshet, låg utbildning och inavel ingår i fördomarna mot de man väljer att kalla hillbillies. Den traditionella appalachiska dialekten och accenten kommer med konsekvenser. De med appalachiska accenter eller appalachisk dialekt uppfattas vara lågutbildade och fattiga. Som ett resultat av dessa negativa stereotyper möter tusentals människor från Appalachia dömande granskning dagligen. Folket i Appalachia ses av omvärlden som fattiga vita och nämns ofta som hillbillies eller rednecks. Dessa termer dyker ofta upp i komisk användning, där man har roligt på dessa människors bekostnad. Diskrimineringen av människor från regionen har varit så pass betydande att man på vissa håll har antagit lagar som gör det olagligt att diskriminera folk med appalachisk identitet.

Foto: Russel Lee. Wikimedia Commons / Public Domain.

Mr och Mrs. Tudor Circo på deras veranda. Raven Red Ash Coal Company, No. 2 Mine, Raven, Tazewell County, Virginia, 1946. Gruvbolagen ägde ofta mark och byggnader kring gruvan, de anställda var även hyresgäster hos sin arbetsgivare.

Termen "hillbilly" spreds under åren efter det amerikanska inbördeskriget. Vid den här tiden utvecklades landet både tekniskt och socialt, men Appalachia började att halka efter. Före kriget skilde sig Appalachia inte tydligt från andra landsbygdsområden i landet. Efter kriget uppfattades människorna i Appalachia som efterblivna, snabba till våld och inavlade i sin isolering. På grund av nyhetshistorier om bergsfejder utvecklades hillbillystereotypen i slutet av 1800-talet. De första kända exemplen av ordet "hillbilly" i tryck är från åren kring sekelskiftet 1900. En New York Journal-artikel från tiden innehöll definitionen "en Hill-Billie är en fri och ohämmad vit medborgare i Alabama, som bor i bergen, har inga medel att tala om, klär sig som han kan, pratar som han vill, dricker whiskey när han får den och skjuter av sin revolver när han känner för det."

Den klassiska hillbillystereotypen nådde sin nuvarande karaktär under den stora depressionen. Perioden av utvandring från Appalacherna, ungefär från 1930-talet till 1950-talet, såg många bergsbor som flyttade norrut till industristäderna i Mellanvästern. Denna förflyttning till samhällen i norr, som blev känd som "Hillbilly Highway", förde dessa tidigare isolerade samhällen in i den vanliga amerikanska kulturen. Som svar blev fattigt bergsfolk centrala karaktärer i tidningar och så småningom i filmer. Stereotypen är mångfacetterad då den innehåller både positiva och negativa drag. Hillbillies betraktas ofta som självständiga individer som gör motstånd mot moderniseringen av samhället, men samtidigt definieras de också som efterblivna och våldsamma. Forskare hävdar att denna dualitet återspeglar de splittrade etniska identiteterna i det vita Amerika.

Termen hillbilly används med stolthet av ett antal personer från regionen inklusive kända personer som sångerskan Dolly Parton. Positiv självidentifiering med termen inkluderar uttalade "hillbillyvärderingar" som kärlek och respekt för naturen, stark arbetsmoral, generositet mot grannar och behövande, familjeband, självtillit, motståndskraft och en enkel livsstil.

Foto: Okänd. Wikimedia Commons / Public Domain. Oljemålning från 1762, cherokeehövding Cunne Shote, "Standing Turkey".

Men hillbillies var inte de första som slog ned sina bopålar i regionen. Ursprungsbefolkningen började bosätta sig i Appalacherna för ungefär 16 000 år sedan. Cherokees var den huvudsakliga stammen i södra Appalacherna och Blue Ridge-regionerna, men det fanns också Iroquois, Powhatan och

Shawnee. Ankomsten av förslavade afrikaner till området går tillbaka till 1500-talet. Dessa två folkgrupper hade båda ett enormt inflytande på kulturen i Appalachia.

På 1700-talet kom nybyggare från Europa. Upp till 90% av dessa var protestanter som kom från skotska lågländerna och provinsen Ulster på Irland. Inflyttningen från dessa regioner fortsatte under 1800-talet och det var till stor del fattiga människor som var vana vid att vara självförsörjande som kom. De hade en medfödd misstro mot makt och regering efter decennier av kamp mot engelsmän och katoliker. Det var här de kulturella stereotyperna om familjelojalitet, uppror mot auktoriteter och passion för självförsvar uppstod, det som sen utvecklades till bilden av hillbillies som vilda och tillbakadragna bergsmän.

Foto: Okänd, bild tagen 1897. Wikimedia Commons / Public Domain.

På bilden ser vi Hatfield-klanen beväpnade till tänderna. Klanen var i fejd med klanen McCoy under åren 1863–1891.

Det började som en politisk konflikt under inbördeskriget och handlade även om dispyter om landområden. Det slutade med mer än ett dussintal familjemedlemmar mördade i bägge klaner, många fängslade och någon avrättad av rättvisan.

Tyska immigranter var en annan grupp som hade ett enormt inflytande på Appalachias kultur. Dessa kallades ofta holländare eftersom de kom från "Deutschland". (Dutch = holländare på engelska.) De bosatte sig i första hand i Pennsylvania och Virginia och tog med sig mat som äppelmos och surkål. Deras kulturella identitet var så stark att de inte assimilerades särskilt väl. Istället hade de ofta egna tyska skolor och kyrkor. Tyskarna behandlades bättre än de skotsk-irländska och italienska invandrarna, främst för att de såg mer ut som de brittiska kolonisterna. Immigranterna från Skottland och Irland tenderade att hålla sig för sig själva och var i allmänhet för fattiga för att äga slavar. Tyskarna hade slavar från Afrika och deras bosättning hade en mycket mer direkt inverkan på fördrivningen av indianbefolkningen.

En liten klick skandinaver hittade till regionen, särskilt människor från Finland och Sverige. Dessa tog med sig träbearbetningskunskaper från norra Europa, vilket gav upphov till timmerstugan.

De europeiska immigranterna gjorde anspråk på landområden från kusten västerut in i Appalacherna, många som kom flyttade djupt in i Appalachias landsbygd. Européernas växande behov av mark ledde till otaliga blodiga strider mot de stammar som redan bodde där. I slutändan slöts avtal med stammarna, tyvärr slutade dessa avtal med att nästan alla Cherokee och andra infödda grupper från regionen flyttades västerut under tvång.

Appalachia betraktas ofta som en landsbygd befolkad av vita men afroamerikaner har bebott området i hundratals år. Faktum är att 1860 var uppskattningsvis 10% av Appalachias befolkning svart. När vita bosättare flyttade in i regionen, gjorde afrikaner det också, både fria och förslavade. I USA:s tidiga pionjära era levde vita, svarta och inhemska amerikaner alla nära varandra i Appalacherna. Detta gav i början av 1800-talet upphov till en folkgrupp känd som Melungeons, som hade rötter från Afrika, Europa och Nordamerika. Appalachia bestod av en komplex blandning av etniska grupper, det gemensamma draget som förenade dem alla var att de var vana vid hårt arbete och vid att vara självförsörjande. De hade vad som krävdes för att överleva i Appalachias vildmark.

De som tillhörde den vita eliten, och vissa cherokeer, höll afrikaner som slavar i södra Appalachia. Men bergslandskapet lämpade sig inte lika naturligt för stora plantager som områdena längre söderut och faktum är att majoriteten av folket i regionen inte var slavinnehavare. Det fanns en aktiv underjordisk järnväg som gick genom Appalachia, från Chattanooga norrut till Pennsylvania. Den underjordiska järnvägen var ett organiserat nätverk av kontakter som sköttes av motståndare till slaveriet (s.k. abolitionister) i syfte att hjälpa slavar att fly från sydstaterna till nordstaterna eller till Kanada. Abolitionisterna erbjöd flyktingarna hjälp, information och gömställen. De blev människosmugglare och organiserade ett nätverk som blev känt som den underjordiska järnvägen. Flyktvägar kallades spår, gömställen stationer, flyktingar passagerare och de som hjälpte flyktingar kallades för konduktörer. Slavarna visste att slaveriet var förbjudet i norr och många drömde om friheten och valde att fly. Om de flyende slavarna blev tillfångatagna straffades de med piskning, stympning eller med döden. I sydstaterna organiserades slavpatruller med jakthundar som jagade dessa människor som var på flykt.

Foto: Mathew Brady, bild tagen 1862. Wikimedia Commons / Public Domain. Slavar som rymt, fotograferade i Fort Lafayette, Valley Forge, Pennsylvania. De klarade flykten med andra ord.

Efter kriget flyttade många frigivna slavar till Appalachia. Det afrikanska inflytandet på Appalachia består även idag. Banjon – ett stränginstrument som är centralt för bluegrass och andra former av appalachisk musik – har sitt ursprung i Afrika. De introducerade också livsmedel som durra, sötpotatis, black eye bönor, vattenmelon och jordnötter i det appalachiska köket.

Den ökade befolkningstillväxten var ett resultat av utbyggnaden av kolbrytning som lockade många till regionen. Så småningom växte oenigheten mellan den rika eliten som bodde i låglandet och längs kusten, och de mer lantliga människorna i Appalachias berg och vildmark.

Inbördeskrigets brutalitet tjänade bara till att förstärka den förbittring som många på landsbygden hade mot myndigheter och utomstående. Många kom med hopp om att bli rika men levde ett liv i fattigdom. Gruvarbetare fick betalt per ton producerat kol istället för timlön. På grund av detta hade många en väldigt låg levnadsstandard och regionens ekonomi blomstrade inte. Kampen mot de låga lönerna mynnade ut i klasspänningar som slutade i våldsamma konflikter mellan gruvarbetare och gruvägare.

Foto: Russel Lee. Wikimedia Commons / Public Domain. Arbetare kommer ut ur gruvan i slutet av dagens arbete. P V & K Coal Company, Clover Gap Mine, Kentucky, 1946.

Den utbredda fattigdomen i Appalachia fick uppmärksamhet 1940 när James Stills roman River of Earth, som dokumenterade Appalachia under den stora depressionen, publicerades. Då hade folket i Appalachia redan levt i fattigdom i många årtionden.

Foto: Russel Lee. Wikimedia Commons / Public Domain.

Typiskt boende för kolgruvearbetare. Kingston Pocahontas Coal Company, Exeter Mine, Welch, McDowell County, West Virginia, 1946. Koltransport på järnväg I bakgrunden.

I efterhand verkar det som om de ursprungliga bosättarnas kärnvärden om frihet, självtillit och en unik individuell identitet så småningom satte dem i konflikt med det moderna livets framsteg. Isolering och en rädsla för att tappa kontakten med sina traditionella värderingar ledde till förödande fattigdom. In på 60- och 70-talet levde många människor i Appalachia fortfarande utan grundläggande förnödenheter som elektricitet eller rinnande vatten inomhus. Hunger och bristande grundläggande hygien var inte ovanligt. År 1965, efter att president Lyndon B. Johnson förklarat ett "war on poverty", inleddes Appalachian Regional Commission. Kommissionen grundades av John F. Kennedy och fokuserar på att hjälpa befolkningen i regionen att skapa möjligheter för självförsörjande ekonomisk utveckling och förbättrad livskvalitet. ARC har arbetat i 55 år för att få regionen i socioekonomisk jämställdhet med resten av nationen.

Foto: Russel Lee. Wikimedia Commons / Public Domain.

Barn till kolgruvearbetare spelar kula tillsammans med lekkamrater. P V & K Coal Company, Clover Gap Mine, Lejunior, Harlan County, Kentucky, 1946.

Foto: Russel Lee. Wikimedia Commons / Public Domain.

Milong Bond, gruvarbetare, tar ett bad. Han hyrde ett hus med tre rum för $8 per månad, denna avgift inkluderade inte elräkningen. Det fanns inget rinnande vatten i huset. Det vanliga var att gruvan ägde bostäderna och hyrde ut till gruvarbetarna. Mullens Smokeless Coal Company, Mullens Mine, Harmco, Wyoming County, West Virginia, 1946.

Foto: Russel Lee. Wikimedia Commons / Public Domain.

Harry Fain, kollastare. Inland Steel Company, Wheelwright, Floyd County, Kentucky.

Jag vill verkligen poängtera att jag inte skriver denna boken för att döma alla från sydöstra USA, jag försöker alltid vara fördomsfri. Jag tycker att fenomenet som boken handlar om är

galet och att ormarna utsätts för djurplågeri genom onödig stress och säkerligen djurhållning som ofta inte är rätt. Jag tror att en del som är en del av detta kyrkliga fenomen är lite galna, vilket jag tror att en del kan bli i religionens namn oavsett vilken religion vi pratar om. Många utövare är säkert rätt vanliga människor, som under gudstjänst gör något som vi andra ser som rejält ovanligt. Jag tror inte att hela regionen är befolkad av galningar, jag tror inte ens att församlingarna är fulla av galningar. Jag tycker att det dom gör är farligt och lite galet, men det är för mig skillnad på att göra något galet och att vara en galning.
Jag skriver boken för att det är ett ämne jag tycker är fascinerande. Ormar och historia har varit ett intresse hela livet, bokens ämne är helt enkelt en spännande kombination.

Foto: Pixabay

Skogsskallerorm (Crotalus horridus). Den art av giftorm som tveklöst är vanligast förekommande i kyrkans värld i Appalachia.

Foto: Kris Boldizar. Kopparhuvud (Agkistrodon contortrix), en giftorm som finns i Nordamerika, bland annat i Appalachia.

3. Snake church

Foto: Pixabay

Pentekostalism är en teologi inom kristendomen med ursprung i väckelserörelser i Los Angeles och Wales under 1900-talets första årtionde. Ibland kallas den pingstväckelsen, pingströrelsen eller pingstkyrkan. Namnet gavs rörelsen av media under dess frambrytande tid på tidigt 1900-tal. Namnet gavs med hänvisning till rörelsens betonande av händelserna på den första pingstdagen, då lärjungarna enligt Apostlagärningarna för första gången fylldes av den Helige Ande och då blev frimodiga, profeterade på olika tungomål och lät underverk ske.

Giftormshantering dök upp i amerikansk pentekostalism runt 1910. Church of God with Signs Following är ett trossamfund grundat av avhoppare från pingstkyrkan Church of God sedan denna pingströrelse tagit avstånd från praxisen att ta i giftormar under gudstjänsterna som tecken på stark tro. En del källor hävdar att George Went Hensley från Grasshopper Valley i sydöstra Tennessee är upphovsman till fenomenet. Andra som forskat i ämnet hävdar att hanteringen av ormar under gudstjänst inte kan tillskrivas en enda person, att fenomenet uppstod på flera ställen ungefär samtidigt. Historiker är dock överens om att Hensleys förespråkande, ledarskap och i synnerhet hans personliga karisma, var viktiga faktorer för att främja giftormshanteringen och sprida den till kyrkor ute på landet över hela sydöstra USA. Man vet inte hur många utövare dessa församlingar har idag. Störst är Church of God with Signs Following som är sprunget ur Hensleys lära.

Foto: Phil Dunning.

Tre gravida exemplar av Kopparhuvud. Bild tagen i Clinton County, Pennsylvania.

Ormhantering inom kyrkans värld i norra Alabama och norra Georgia har sitt ursprung hos James Miller i Sand Mountain, Alabama. Miller utvecklade tydligen sin tro, under samma tid, oberoende av kunskap om Hensleys gudstjänster. Medan Hensleys gudstjänst var treenig, var Millers gudstjänster icke-treeniga och är allmänt kända som The Church of Lord Jesus with Signs Following. Denna gren dominerar ormhanteringskyrkor norr om Appalacherna.

Varje kyrka är oberoende och autonom, och namnen på församlingarna är inte konsekventa i alla områden. Vanligtvis är det någon variant av "Church of God" eller "Church of Lord Jesus". "Signs following" i namnen betyder teckenföljare. De fem tecknen hittar man Markusevangeliet som är ett av de fyra evangelierna som ingår i Nya testamentet.

Mark 16:17-18, King James Version

And these signs shall follow them that believe; In my name shall they cast out devils; they shall speak with new tongues; They shall take up serpents; and if they drink any deadly thing, it shall not hurt them; they shall lay hands on the sick, and they shall recover.

Det exakta antalet medlemmar är okänt och man har nyligen uppskattat att det totala antalet utövare är så lågt som 1 000 - 5 000, med möjligen femtio till hundra församlingar. Enligt Encyclopedia of American Religions kan kyrkor "finnas från centrala Florida till West Virginia och så långt västerut som Columbus, Ohio."

Församlingar med ormhantering som en del av sitt religiösa utövande finns, eller har i alla fall funnits, sporadiskt hela vägen upp i Kanada. Det finns uppgifter på att det fanns fyra praktiserande församlingar i Kanada i början av 2000-talet. De flesta religiösa ormhanterarna finns fortfarande i Appalachia och andra delar av sydöstra USA. Tongivande är Alabama, Mississippi, Georgia, Kentucky, North Carolina, Tennessee,

West Virginia och South Carolina. Flera studier har visat att församlingarna tappar medlemmar, men samtidigt är det så att förbud har gjort att mer och mer giftormshantering sker i skymundan. Hur många av församlingarnas medlemmar som faktiskt hanterar giftormar är omöjligt att svara på. Man kan hoppas att det bara är fullt friska medlemmar i myndig ålder som får komma fram och dricka stryknin eller annat gift utblandat i vatten, dansa inför församlingen med en giftorm i händerna eller hantera ett brinnande föremål och utsätta sin hud för värmen. Utöver gift, eld och ormar talar man i tungor och har mera fart och volym i musiken än vad vi kanske är vana vid att man har i kyrkor.

Foto: Russell Lee, bild tagen 1946. Wikimedia Commons / Public Domain

Hantering av ormar i Pentekostalismrörelsens kyrka, Lejunior, Harlan County, Kentucky. De flesta av medlemmarna, inklusive pastorn, är kolgruvearbetare med familjer. Pastor Eli Sanders, som står till höger på denna bilden, dog av ett ormbett som han fick under en gudstjänst i september 1958. Han blev 53 år gammal.

Foto: Russell Lee, bild tagen 1946. Wikimedia Commons / Public Domain. Samma lokal som föregående bild.

Även om det är stillbilder får jag bilden av att det är full kalabalik i lokalen. Flera personer dansar med ormar, folk slår i cymbaler, det förekom att man dansade med en mindre fackla eller liknande och medvetet brände sig själv, man drack utspätt gift. Det var överhuvudtaget mycket mer spring och rörelse än vad vi är vana vid att se i kyrkor. Det finns en del klipp på

Youtube att se, det allmänna intrycket jag får är att kaos råder. Att stå så här trångt med rejält uppstressade ormar är enligt mig detsamma som att be om ett ormbett. Ormarna hör naturligtvis inte cymbalerna eller musiken men all hantering, rörelse och alla dofter bidrar till att få ormarna att känna ett behov av att agera defensivt.

Foto: Russell Lee, bild tagen 1946. Wikimedia Commons / Public Domain. Samma lokal som föregående bild.

Värt att notera är att man inte verkar försöka att ha full koll på om ormarna kommer att försöka bita eller ej. Jag får samma bild av att se klipp från modern tid på Youtube. Det handlar med andra ord inte om någon form av herpetologisk skicklighet, att man undviker bett genom att kunna läsa ormens rörelsemönster. Man försöker helt enkelt inte. De som blir bitna söker vanligtvis inte medicinsk hjälp, utan ser till Gud för deras helande.

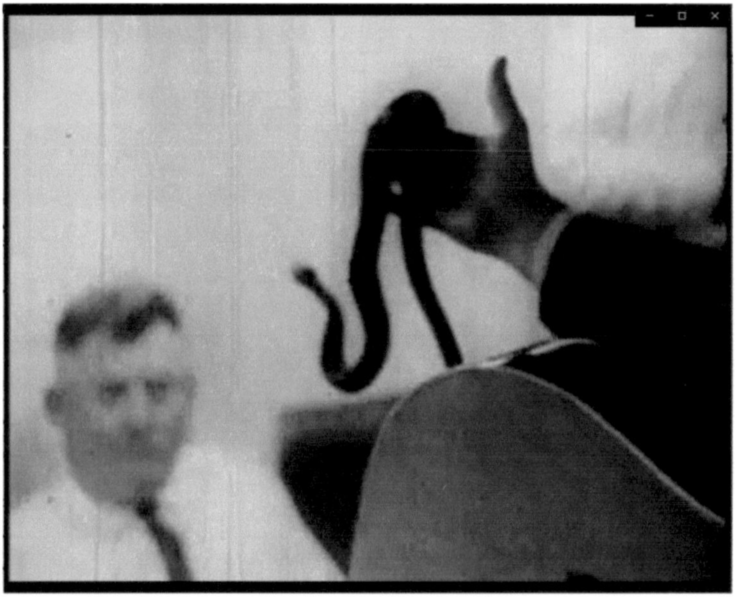

Foto: Peter Adair, 1967. Stillbild från hans dokumentär Holy Ghost People. Wikimedia Commons / Public Domain

Trots att giftormsbett och dödsfall präglat historien så fortsätter man som om man själv vore immun mot bett. Historien upprepar sig själv och flera församlingar går i arv. Det finns familjer där både församling och dödsorsak ärvts i flera generationer. Olika siffror för det totala antalet dödsfall till följd av ormbett under religiösa gudstjänster har föreslagits, men föreslagna siffror ligger alltid över hundratalet.

Religiösa experter är överens om att församlingsmedlemmarna är medvetna om riskerna och accepterar konsekvenserna. Hanteringen av giftormar har betydande risker, oavsett hur ren du är i din tro. Ralph Hood, som studerat dessa församlingar, konstaterar, "Om du går till någon ormhanterande kyrka kommer du att se människor med förtvinade händer och saknade fingrar. Alla ormhanterande familjer har drabbats av sådana saker". Hood noterar också att hanteringen inte utgör någon fara för de som enbart tittar på. Det finns inget dokumenterat fall där en församlingsmedlem blivit biten av en orm som hanterats av en annan troende.

Foto: Foto: Russell Lee, bild tagen 1946. Wikimedia Commons / Public Domain.

Gudstjänst i Pentecostal Church of God. Lejunior, Harlan County, Kentucky, 1946. Trängseln är påtaglig och det finns gott om barn. Tydligen händer det ändå inte att någon kommer i vägen för en orm någon annan hanterar.

Foto: Foto: Russell Lee, bild tagen 1946. Wikimedia Commons / Public Domain.

Handpåläggning har egentligen en lika stor del i gudstjänsterna, men får naturligtvis inte lika mycket uppmärksamhet av omvärlden. Likadant är det i denna boken, bokens fokus ligger på hanteringen av giftormar då det är det som skapat nyfikenhet hos mig.

Jamie Coots, en pastor som senare dog av ett skallerormsbett, sa: "Hanterare blir bitna hela tiden, och med några års mellanrum dör någon". Brian Pennington, religionsprofessor vid Maryville College i Maryville, Tennessee, har studerat Coots under sin forskning om ormhantering i tillbedjan. Han sa att den framstående ledaren såg utövandet som "en befallning från Gud." "Det här är inte irrationella människor. Det här är människor som mycket väl vet vad de gör när de går in i kyrkan," sa Pennington under en intervju för några år sedan. "De vet mycket väl att pastor Coots öde kunde drabba vem som helst av dem som gör detta under en gudstjänst. I många avseenden tror jag att vi kan förvänta oss att den här typen av dödsfall, särskilt av en så framstående figur som pastor Coots, kommer att få människor att förplikta sig på nytt till sin tro och förverkliga sin lydnad till en text som de känner att de har en enorm skyldighet att följa.", fortsatte Pennington. Mer om Coots längre fram i boken.

Darlene Summerford, som en gång i tiden var gift med en giftormshanterande pastor, fick frågan hur det kändes att hantera giftiga ormar och svarade:

-"It's just knowing you got power over them snakes". And, if they get bitten by the snake, then they lack the true Spirit. Moreover, if they are bitten, then the congregation prays over them".

Medlemmarna i församlingarna tror fullt ut att de måste hantera ormarna som en demonstration av att de har den Helige Ande inom sig och för att visa gud sin lydnad. Att hantera giftormar och dricka gift är för dem det sanna testet på deras tro på bibeln. Även om de blir bitna kommer de ofta att vägra att ta emot medicinsk behandling eftersom de tror att de är värda guds tro och att deras öde ligger i Guds händer. Mer om Darlene längre fram i boken. Hennes man, pastor i en av dessa kyrkor, försökte mörda henne med hjälp av sina skallerormar.

Varför biter inte ormarna oftare än vad de faktiskt gör? Det är ju ändå så att de ständigt hanteras under gudstjänsterna, ofta flera ormar samtidigt och ständigt nya personer som tar tag i ormarna när det är deras tur att känna sig närmre gud. Först och främst så är det så att ormar inte är de mördarmaskiner som många tror. Möter du en orm i naturen är ett bett alltid ormens sista utväg. De försöker fly, gömma sig, hota och göra utfall utan att bita. Bettet är alltid sista utvägen, att aktivt jaga en människa gör inte ormar. Jag råkade en gång ut för en huggorm som ringlade rakt över min sko när den skulle fly för att slippa mig och min kamera. Jag stod i vägen för flykten, inget hände eftersom jag stod blickstilla tills ormen hade passerat.

Hur lång sträckan är innan ormen känner att den inte har något annat val än att bita en människa, som ändå inte är ett byte, är olika. Det beror på situation, art, individ av orm, mått av överraskning och säkert också lite på ormens dagsform. Vissa arter biter väldigt sällan människor, men alla arter gör det förr eller senare. Man kan gå på gudstjänst och hantera en skallerorm eller en vattenmockasin flera gånger, men risken finns att du förr eller senare hanterat giftorm en gång för mycket. De ormar som hålls av församlingarna är delvis något vana vid människor, precis som husdjur inte är lika farliga för oss som samma art i vilt tillstånd hade varit. Ovanpå detta så är det inte helt ovanligt att det är ormar i dåligt skick som är med på gudstjänsterna. Tester har gjorts på ormarnas avföring, det är inte ovanligt att de är uttorkade och undernärda och därför har sämre ork till att försvara sig. Vissa säger att de inte får mat eller vatten, vilket gör dem slöa och mindre benägna att bita. Andra hävdar att reptilerna är sjuka och fulla av parasiter från misskötsel i fångenskap. Jag skulle tro att det även finns pastorer som förstår sig på att sköta sina ormar, världen brukar inte vara så enkel att alla människor är på eller agerar på ett visst vis. Vissa hanterare mjölkar giftet från ormarna före en gudstjänst för att minimera mängden gift som injiceras i händelse av ett bett.

Enligt de troende är den enda anledningen till att ormarna inte biter att guds vilja sker, eftersom den som har ormen i sina händer har den rätta och rena tron. Många arter av ormar går ofta att ta i om man är ormvan, modig och försiktig, särskilt om ormarna är någorlunda vana vid att det händer. Inom hobbyn att hålla ormar i terrarium förekommer det att man hanterar giftormar med händerna. Fenomenet kallas "frihantering" och inom terrariehobbyn är detta en vattendelare.

Vissa tycker att det är direkt vansinne, onödigt risktagande och skadligt för hobbyn då risken för giftormsbett ökar markant. Man är även rädd att frihanteringen ger bilden av att hobbyn består av en massa galningar som borde stoppas genom förbud mot att äga giftorm som privatperson.

Foto: Phil Dunning. Skogsskallerorm vid övervintringsplats i Clinton County, Pennsylvania.

Andra frihanterar själva och påstår sig kunna läsa och känna ormarna så väl att risken för giftormsbett är lika liten eller mindre än om man använt ormkrok. Det finns även de som påstår att frihanteringen sker för ormens skull, att ormarna blir mera nervösa av att känna en ormkrok än en människohand. En del som inte själva vill eller vågar frihantera står bakom de som aktivt utövar fenomenet. På sociala medier har flera frihanterare blivit kändisar inom hobbyn. Att frihantera verkar vara en genväg till att få många följare och prenumeranter på sociala medier. De bilder och klipp som blir virala utanför hobbyn har nog en överrepresentation av frihanterare. Min tro är att risktagandet lockar följare, det är mera spännande att se någon hålla en kobra i händerna än att se bild på någons kobra i ett välinrett terrarium. Man kan jämföra det med att ett klipp på någon som kör motorcykel i 200km/h på bakhjulet nog får bättre spridning än vad jag hade fått med ett klipp på när jag glider fram på moped på en grusväg i Thailand. Min åsikt om frihantering är att alla som utför det förr eller senare har gjort det en gång för mycket.

Min tanke kring det kyrkliga fenomen som boken delvis handlar om är att detta är direkt livsfarligt. Att frihantera är enligt mig ett stort risktagande. De som gör det inom reptilhobbyn gör det antagligen oftast under lugna och ordnade förhållanden och förhoppningsvis är de fokuserade på djuret de har i sina händer. Det är dessutom människor med reptilintresse som i varierande grad har kunskap om ormar, det har inte församlingsmedlemmarna i USA. De som utövar giftormshantering under gudstjänst verkar inte ens försöka att hålla fokus på ormen eller på något vis försöka vara försiktiga för att undvika att göra ormen nervös. Det är också för mig lite otroligt att man inte lär sig av andras misstag. Om så många andra blivit bitna under gudstjänst så bord jag kanske låta bli att hantera skallerormar med händerna? Har man en övertro på sin egen rena tro? Andra har kanske blivit bitna och farit illa, men gud ser hur ren jag är i min tro. Mig skadar inte ormarna.

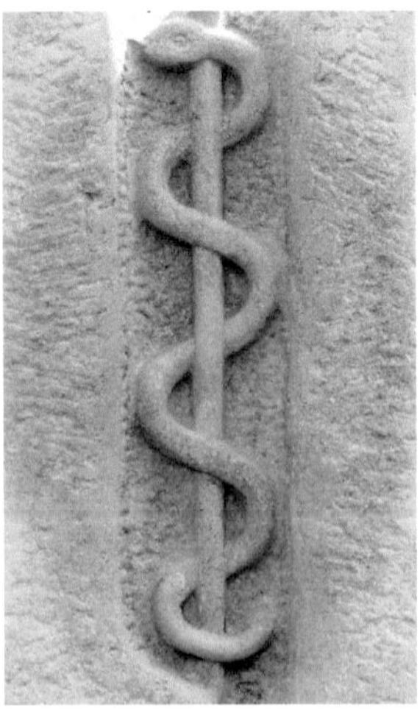

Eskulapstaven är en internationell symbol för läkekonsten bestående av en stav omslingrad av en orm. Du hittar symbolen på allt från ambulanser till butiksskyltar hos apotek. Det har varit läkekonstens symbol i över 2500 år. Den avbildade ormen är den ogiftiga eskulapsnoken, Coluber longissimus, För grekerna var ormen en symbol för hälsa och evig ungdom och därmed läkande.

Foto: Pixabay.

4. Ormarna i Appalachia

Ormarna har en central roll i dessa kyrkor och en ännu mera central roll i denna bok. Mitt egentliga intresse är ormar, ormar har fascinerat mig hela livet. Religionshistoria är egentligen långt utanför mina ramar, men just den tro som denna bok delvis handlar om är ju både spektakulär och berör ormarna.

Foto: Pixabay

Tre arter av ormar från Appalachia har fått varsitt kapitel. Just dessa tre har fått det då det är de arter som får vara med på gudstjänst. Överlägset vanligast i kyrkans värld är skogsskallerormen, följd av kopparhuvudet. Vattenmockasinen förekommer men det verkar vara ovanligare. I detta kapitel ska jag försöka nämna några av de arter och släkten som är vanligt förekommande i området. Se inte kapitlet som en komplett artlista, jag har valt att enbart nämna några ormar som jag tror kan vara intressanta. Kapitlet tar även upp det som ormarna i området har gemensamt.

Skogsskallerorm

Crotalus horridus – Timber rattlesnake

Detta är den enda skallerormsarten i stora delar av det tätbefolkade nordöstra USA. Arten är näst efter prärieskallerormen, Crotalus viridis, den nordligast spridda giftormen i Nordamerika.

Dont Tread on Me är en politisk slogan som går tillbaka till den amerikanska revolutionen och fortfarande används flitigt. Gadsden-flaggan är en historisk amerikansk flagga med ett gult fält som visar en skogsskallerorm hoprullad och redo att hugga. Under skallerormen står orden *Dont Tread on Me (Trampa inte på mig).* Symboliken är glasklar, trampa på mig och jag hugger tillbaka!

Flaggan är uppkallad efter politikern Christopher Gadsden (1724–1805), som designade den 1775 under den amerikanska revolutionen. I nutid används den ibland i USA som en symbol för konservatism, allmänt rebelliska känslor och ibland för högerextrem ideologi.

Metallica gav 1991 ut låten *Don't tread on me.* Sångaren James Hetfield beskriver låten som "just one of those don't fuck with us songs". Jag skulle tro att det är en bra sammanfattning av symboliken bakom både flagga och sångtext.

Foto: Wikimedia Commons / Public Domain

Foto: Dr. Edward J. Wozniak. Östlig diamantskallerorm.

Östlig diamantskallerorm

Crotalus adamanteus – Eastern diamondback rattlesnake

Östlig diamantskallerorm är den största skallerormensarten och en av de tyngsta kända arterna av giftormar i världen. Ett exemplar som sköts 1946 mätte 2,4 meter i längd och vägde 15,4kg. Andra giftormar kan konkurrera med denna art i vikt, såsom den mycket längre men slankare kungskobran i Asien och den kortare men ännu grövre gaboonhuggormen i Afrika. Vanligtvis blir inte ormar av denna art så här stora. Allt över 170cm får ses som väldigt stora exemplar. Ormar varierar en del i längd, precis som vi människor. Människor kan också bli över 2 meter långa, men få av oss blir det. Hanar av denna art är vanligtvis större än honor, vilket är ovanligt bland ormar. Arten förekommer i sydöstra USA i kuststaterna från North Carolina ner till Florida och västerut till Louisiana. Den östliga diamantskallerormen har rykte om sig att vara den farligaste giftormen i Nordamerika. Arten är inte aggressiv, precis som andra ormar ska den räknas som defensiv. Ormar biter för att döda byten, eller för att försvara sig. Det är den art i USA som ligger bakom flest dödliga bett och studier visar på en dödlighet på 10–20 % vid obehandlade bett. Effektivt serum finns, men det är inte ovanligt att en patient behöver många doser vid allvarliga fall av förgiftning.

Pygmeskallerorm

Sistrurus miliarius – Pygmy rattlesnake

Som namnet skvallrar så är det en liten art, ofta 40-60 cm lång. Den lilla skallran avger ett surrande ljud som bara kan höras några meter bort. Eftersom arten inte kan producera mycket gift är det osannolikt att den kommer att kunna leverera ett dödligt bett på en vuxen människa. Barn som har blivit bitna har ibland haft en långvarig sjukhusvistelse, med rapporter om vävnadsdöd kring bettet. Arten förekommer i hela sydöstra USA och vidare in i Texas och Oklahoma.

Foto: Pixabay. Pygmeskallerorm

Kopparhuvud

Agkistrodon contortrix – Eastern copperhead

Man räknar med 7 000 – 8 000 giftormsbett per år i USA, färre än tio personer per år dör men man räknar med att 10 – 44% av de som fått ett giftormsbett får permanenta skador.

Foto: Dr. Edward J. Wozniak. Bild tagen i Little Rock, Arkansas.

I sydöstra USA ligger kopparhuvudet bakom majoriteten av giftormsbetten. Förklaringen är att arten är rätt vanlig och väldigt väl kamouflerad. I en löv- eller rishög är det väldigt svårt att upptäcka ett kopparhuvud som ligger stilla. Lyckligtvis är kopparhuvudets gift inte särskilt potent och dödsfall är ytterst sällsynta. De flesta ormbett uppstår när någon försöker döda eller störa en orm, så det bästa sättet att undvika ett bett är att lämna en orm du hittar ifred. Detsamma kan sägas om alla giftormar, många som blir bitna blir det för att de inte lämnar ormen ifred.

Vattenmockasin

Agkistrodon piscivorus – Cottonmouth, Water moccasin, Swamp moccasin bland annat.

Arten är känd för att gapa och visa upp sin vita mun när den känner sig hotad. Fenomenet finns hos andra arter i världen, mest känd är nog den svarta mamban i Afrika. Mamban i sig är inte svart som man kanske kan tro, den svarta mamban gapar och visar upp sin svarta mun för att vi ska kunna identifiera den som livsfarlig och lämna ormen ifred.

Foto: Dr. Edward J. Wozniak.

Nerodia – Water snakes

Nerodia är ett släkte av snokar som lever sitt liv i eller nära vatten. De är rätt grovt byggda och har ofta en färgskala lik vattenmockasinens. Det är inte ovanligt att dessa snokar förväxlas med vattenmockasinen och även tvärtemot. Man tar i en vattenmockasin i tron att det är en ofarlig snok som förvisso ofta bits, men helt saknar gift. Eller så dödar man snokarna då man i sin okunskap ser dessa som ett hot. Man ska naturligtvis inte döda vattenmockasiner heller, man ska enbart döda vilda djur om det finns fara för egen hälsa eller om det handlar om jakt. Dessa snokars första instinkt är att fly när de blir störda,men de försvarar sig om de inte kan fly. De tvekar inte att bita om de hanteras, ofta flera bett. De kan även utsöndra en illaluktande mysk från sin kloak, precis som vår svenska snok kan. Arter av Nerodia är vitt spridda över hela östra halvan av USA. De vistas i träskmarker och nära vattenansamlingar, har god simförmåga och jagar groddjur samt fiskar. Honor lägger inga ägg utan föder levande ungar. Hos enskilda exemplar kan antalet ungar per kull vara upp till 100!

Foto: Pixabay. Bild tagen i en damm i Florida.

Thamnophis – Garter snakes - Strumpebandssnokar

Strumpebandsormar är nära besläktade med släktet Nerodia, med vissa arter som har flyttats fram och tillbaka mellan släktena. Strumpebandssnokar är ofarliga, små till medelstora ormar som tillhör släktet Thamnophis. De många olika arterna förekommer i nästan hela Nordamerika, från Kanada ner till Costa Rica. Det är rätt små ormar, längden varierar från knappa halvmetern till över en meter.

Strumpebandssnokar har ett system för kommunikation genom kroppsdofter. De kan hitta artfränder genom att följa deras feromondoftande spår. Manliga och kvinnliga hudferomoner är så olika att de omedelbart kan urskiljas, men manliga strumpebandssnokar producerar ibland både manliga och kvinnliga feromoner. Under parningssäsongen lurar denna förmåga andra hanar att försöka para sig med dem. Detta orsakar överföring av kroppsvärme till hanen som narras, vilket är en stor fördel under parningssäsongen. Den uppvärmda hanen blir piggare och mera aktiv och får lättare att konkurrera med de andra hanarna. Manliga ormar som avger feromoner från både hanar och honor har visat sig få fler parningar än andra hanar.

Strumpebandssnokar ansågs länge vara ogiftiga men man upptäckte i början av 2000-talet att de faktiskt producerar ett neurotoxiskt gift. Men strumpebandssnokar kan inte skada eller döda människor med de små mängder av relativt milt gift som de producerar. I några få fall har en del svullnad och blånader rapporterats.

En envis myt som funnits här i Sverige sedan 90-talet gör gällande att vi ska ha en population rödsidad strumpebandssnok (Thamnophis sirtalis infernalis) på västkusten, någonstans i Halland. Första gången jag läste detta i dagspressen bör ha varit i mitten av 90-talet. I början av 2000-talet återkom nyheten om att någon skulle ha släppt ut några rödsidade strumpebandssnokar som sedan ska ha etablerat sig och jag läste det igen för enstaka år sedan. Det poppar helt enkelt upp som en nyhet med lite ojämn intervall. Det har nu gått långt över tjugo år sedan nyheten trycktes första gången. Hittills har vi inte sett en enda bild på strumpebandssnokar i vilt tillstånd i Sverige och vi kan vara rätt säkra på att det är en skröna.mar

Strumpebandssnokar är inte helt ovanliga att hålla som husdjur i terrarium, jag har själv haft flera olika arter. Min första orm köpte jag så fort jag flyttat hemifrån, valet föll på en strumpebandssnok *(Thamnophis sirtalis).* En liten och lättskött art som var mycket billigare än den majsorm *(Pantherophis guttatus)* jag egentligen ville ha. Detta var på mitten av 90-talet och det utbud som finns idag fanns inte då. Priserna var också högre, kommer jag ihåg rätt kostade en viltfärgad majsorm 1200kr. Idag kostar majsormar från 200kr och då har vi även drygt tjugofem års inflation att ta hänsyn till.

Foto: Pixabay. Strumpebandssnokar

Pantherophis guttatus – Corn snake – Majsorm

Majsormen är uppkallad efter artens regelbundna närvaro nära spannmålsförråd, där den jagar möss och råttor som äter skördad majs. Enligt Oxford English Dictionary har namnet använts sedan 1675 minst. Andra källor hävdar att majsormen är så kallad eftersom det distinkta, nästan rutiga mönstret på ormens bukfjäll liknar kärnorna hos brokig majs. Gillar man skrönor så har jag någonstans läst att de första europeiska nybyggarna gav arten dess namn då man trodde att de åt majs eftersom man ofta hittade dessa ormar i närheten av majsfälten.

Foto: Pixabay. Två majsormar

Pantherophis obsoletus – Black snake – Svart råttsnok

Långsmala och ofarliga snokar som kramar ihjäl sina byten, precis som majsormarna som tillhör samma släkte. Som namnet avslöjar så är dessa ormar mycket mörka. Ormar från bägge arter Pantherophis kan bli över 150cm långa och bägge hittas ofta nära människors bosättningar.

När svarta råttsnokar eller majsormar hamnar i ett trängt läge kommer de ofta att slingra ihop sig i en defensiv ställning, väsa och göra utfall. De vibrerar också snabbt med svansen, likt en skallerorm fastän de saknar skallra. De lånar helt enkelt skallerormens mimik för att lura omvärlden. Bägge arter gör stor nytta för människorna i regionen eftersom de äter stora mängder råttor, möss och andra skadedjur. Bönder uppskattar att ha dessa ormar i närheten.

Lampropeltis getula – Common kingsnake – Vanlig kungssnok

Dessa kallas ibland för östlig kungssnok eller kedjesnok och är en art med ungefär tio underarter. Kungssnokarna blir inte lika långa som snokarna på föregående sida, de blir oftast knappa metern. Arten finns över stora delar av USA och sedan några år tillbaka på Gran Canaria. På Gran Canaria handlar det om utsläppta husdjur som trivs bra i sin nya miljö och som har blivit en invasiv art. Tidigare saknade ön ormar, men numera finns det så många att det har blivit ett problem för de inhemska djuren.

Foto: Pixabay

Kungssnokar äter andra ormar, inklusive giftormar som kopparhuvuden (Agkistrodon contortrix), som är ansvariga för fler giftiga ormbett än någon annan art i USA. Kungssnokarna har utvecklat en jaktteknik för att undvika att bli bitna, de klämmer fast den giftiga ormens käkar under striden. Skulle kungssnoken bli biten ändå, har giftet inte direkt någon påverkan på ormens hälsa. De äter också amfibier, sköldpaddsägg, ödlor och små däggdjur, bytena kramas ihjäl.

Samtliga arter går i ide under vintern, många arter övervintrar tillsammans. De hittar skydd i håligheter i marken, grottor eller källare och husgrunder. Där tillbringar de vintern i ett inaktivt tillstånd som liknar viloläge. Skogsskallerormar och kopparhuvuden föredrar klipphällar i söderläge. Dessa behöver ha djupa sprickor till övervintringen och avsatser att ligga och sola på under senhösten och tidig vår. Biologer hävdar att många av övervintringsplatserna har använts i århundraden och vissa kan t om vara forntida. Låter inte orimligt enligt mig, så länge vi människor inte förstör naturen återvänder ormarna till samma övervintringsplats varje höst. Här hemma i Sverige besöker jag samma övervintringsplats varje vår och ser antagligen samma huggormar varje vår så länge de överlever ett år till.

En del arter delar ibland samma håla, särskilt ”black racer” (Coluber constrictor), skogsskallerorm och kopparhuvuden. Förr kallades black racer ibland för ”pilot-snake”. Man trodde att denna orm lotsar och guidar den giftiga skallerormen till säkra hålor i skogen. Här hemma i Sverige har vi samma fenomen, våra få arter i den svenska naturen övervintrar ofta tillsammans.

Foto: Pixabay. Två svarta råttsnokar, Pantherophis obsoletus

Foto: Phil Dunning. Skogsskallerorm och kopparhuvud som övervintrar tillsammans.

5. George Went Hensley

George Went Hensley (2 maj 1881 – 25 juli 1955) var en amerikansk pingstpastor som är mest känd för att popularisera bruket av giftormshantering under gudstjänst. Hensley, född på landsbygden i Appalachia, upplevde en religiös omvändelse runt 1910, då han tolkade bibelns nya testamente till att befalla alla kristna att hantera giftiga ormar.

Enligt en gammal sägen vandrade Hensley ut i vildmarken för att söka Guds vilja, som han var ganska säker på skulle involvera ormar. När han gick över kullarna stötte han på en orm, knäböjde över den i bön och tog upp den. Det bet honom inte och han valde att ta ormen med sig. Han tog därefter ormen till sin församling, vars medlemmar naturligtvis var imponerade och bestämde att ormhantering var en bra idé. Sedan, beroende på om du frågar Hensleys anhängare eller historiker, bröt andligt uppvaknande antingen ut eller inte. Men oavsett om många själar blev räddade eller inte, blev många ormar definitivt hanterade.

Efter sin omvändelse reste han genom sydöstra USA och lärde ut sin tro som betonade strikt personlig helighet och frekvent kontakt med giftormar. Även om han var analfabet, blev han auktoriserad predikant i Church of God (Cleveland, Tennessee) 1915. Efter att ha rest genom Tennessee i flera år och genomfört gudstjänster godkända av Church of God, avgick han från samfundet 1922. Många år senare började Hensley kalla sin kyrka för Dolly Pond Church of God with Signs Following. Idag kallas de kyrkor som tagit över arvet efter Hensley för Church of God with Signs Following.

Hensley var gift fyra gånger och fick tretton barn. Han hade många konflikter med sina familjemedlemmar på grund av berusning, frekventa resor och oförmåga att ha en fast inkomst. Dessa skäl angav hans första tre första fruar till deras skilsmässor. Hensley arresterades för hembränning i Tennessee under förbudstiden och dömdes till samhällstjänst. Han valde dock att fly och hålla sig undan rättvisan. Hensley reste till Ohio, där han höll väckelsemöten på flera olika platser.

Hans gudstjänster sträckte sig från små möten hemma hos någon till stora sammankomster som väckte uppmärksamhet i media och hade hundratals deltagare. Trots att han höll i många gudstjänster tjänade han inte mycket pengar och han arresterades för att ha brutit mot lagar om ormhantering minst två gånger. Hensleys teologi, med undantag för giftormshanteringen, var typisk för andra fundamentalistiska pingstkyrkor. I sina predikningar fördömde han många saker som att vara att synda, bland annat hasardspel, intag av alkohol, bära läppstift och spela baseboll. Just att fördöma intag av alkohol kan tyckas lite magstarkt av en gammal hembrännare vars egna alkoholkonsumtion lett till mer än en skilsmässa.

De 17:e och 18:e verserna i kapitel 16 i Markusevangeliet, det "längre slutet" med omtvistad äkthet, utgjorde kärnan i Hensleys motivering av ormhantering och intag av gift under gudstjänst. Även om giftormshanteringen var det vanligast förekommande hände det även att han drack stryknin eller batterisyra. Han tolkade passagen som ett bud, istället för en observation av händelser som inträffat i vissa apostlars liv som kristna traditionellt har tolkat verserna.

And these signs shall follow them that believe; In my name shall they cast out devils; they shall speak with new tongues; They shall take up serpents; and if they drink any deadly thing, it shall not hurt them; they shall lay hands on the sick, and they shall recover.

Mark 16:17–18

Samma verser ligger till grund för de andra församlingarnas religionsutövande.

Genom att hantera ormar såg Hensley sig själv som en del av en fortgående tradition som har sitt ursprung i ett påbud från Nya testamentet. Han vidhöll att förmågan att hantera giftiga ormar utan skada som bevis på frälsning och ståndaktig tro. För honom representerade ormarna djävulen och ormhantering var en bekräftelse på guds makt att befria människor från skada. De juridiska svårigheterna han stötte på tolkade han som religiös förföljelse och de som förkastade ormhanteringen saknade enligt honom tro.

Hensley hävdade att han blivit biten av många giftiga ormar utan negativ effekt och mot slutet av sin karriär uppskattade han att han hade överlevt mer än 400 bett. Frågar man mig så låter det högst otroligt att någon blivit biten 400 gånger av giftormar utan att lära sig en läxa. Än mer otroligt att ha överlevt 400 giftormsbett.

1955, medan han genomförde en gudstjänst i Florida, blev han biten av en orm och blev våldsamt sjuk. Han hade en serie väckelsemöten inplanerade nära Altha i Florida, när det hände. Han ledde mötena utan ormar i tre veckor, innan han skaffade en skallerorm som ska ha varit 1,5 m lång. Denna nyinförskaffade skallerorm tog han med till en söndagseftermiddagsgudstjänst den 24 juli, i en övergiven smedja där det samlats en skara människor. Under gudstjänsten höll Hensley högljutt en predikan på ämnet tro. Han tog ut ormen ur burken som den förvarades i, lindade den runt halsen och gned den i ansiktet. Han gick runt publiken medan han predikade och skulle sedan lägga tillbaka ormen i burken. När han lade ormen i burken bet den honom i handleden. Efter några minuter var det uppenbart att Hensley reagerat illa på ormens gift. Han upplevde svår smärta, hade en missfärgad arm och blodiga uppstötningar. Trots detta vägrade han att ta emot läkarvård. Ett ögonvittne hävdade att Hensley skyllde sitt lidande på församlingens brist på tro. Han dog tidigt nästa morgon. Calhoun Countys domare, Hannah Gaskin, angav självmord som dödsorsak.

Hensley begravdes två dagar efter sin död på en kyrkogård 3,2 km från smedjan där han blev biten. Efter begravningen träffades representanter ifrån några av församlingarna och deklarerade sin avsikt att fortsätta hantera ormar. Hensleys fjärde fru Sally bestämde sig för att fortsätta sprida sin avlidne makes läror och sa efter händelsen att hon inte hade förlorat "ett uns av tro".

Hensley hade övertygat många invånare på landsbygden i Appalachia att giftormshantering beordrades av Gud och hans anhängare fortsatte med detta efter hans död. Även om seden att hantera giftormar utvecklades oberoende på flera håll, är Hensley i allmänhet krediterad för att ha spridit seden i sydöstra USA.

Foto: Pixabay

Skogsskallerorm verkar vara den art som mest används i församlingarna. Arten är vanligt förekommande i Appalachia.

6. Skogsskallerorm

	Vetenskapligt namn	Populärnamn
Familj	Viperidae	Huggormar
Släkte	Crotalus	Skallerormar
Art	Crotalus horridus	Skogsskallerorm

Foto: Dr. Edward J. Wozniak.
Skogsskallerorm, bild tagen i södra Georgia.

Släktnamnet, Crotalus, översätts ungefär till "skallra". Artnamnet, horridus, betyder "hemsk/förskräcklig". Skogsskallerormen får anses spela huvudrollen i denna bok. Även om kopparhuvudet och vattenmockasinen också används i kyrkans värld, verkar det vara så att det är skogsskallerormen som används flitigast. Om det beror på artens imponerande storlek, kyrkornas tradition, lokal tillgång eller på det faktum att de kanske bits mera sällan vet jag inte.

För många är det säkert en obehaglig överraskning att plötsligt höra ljudet av en skallra. Skallerormar är ett släkte av huggormar som bara förekommer i Amerika. Skallerormar nämns ofta lite slarvigt som en art, men det är ett släkte med över 30 arter. Många arter är rätt stora och grova för att vara giftormar. Skallerormars främsta kännetecken är ett ombildat organ vid svansens slut, som får ytterligare ett segment vid varje skinnömsning. Många tror att man kan avgöra åldern på en skallerorm med hjälp av längden på ormens skallra. Det är sant att skallerormarna föds utan skallra och att det tar ett tag att få lång skallra. Dock är det inte helt ovanligt att skallran skadas och lossnar och sedan får byggandet av en skallra helt eller delvis börja om.

När skallerormen känner sig hotad vibrerar den snabbt sin svansspets och det karakteristiska "skallrande" ljudet hörs. Ormen skallrar när den känner sig hotad och varnar hotet för vad som kan hända om det närmar sig. Ett utmärkt sätt att slippa slösa på sitt gift!

Skallerormars gift är hemotoxiskt, vilket orsakar hemolys (röda blodkroppar spricker) och vävnadsskador (nekros och förlamning) Styrkan på giftet varierar från art till art. Vissa arter har ett gift som inte är starkare än vår huggorms, andra arter har ett bett som kan vara livshotande i rätt stor utsträckning. Ett bett är mycket smärtsamt och dödsfall förekommer, men bett på människor från just skogsskallerorm är rätt ovanligt. Skogsskalleromen är en av Nordamerikas farligaste ormar, på grund av dess långa huggtänder, imponerande storlek och den stora mängd gift som den har möjlighet att leverera. Detta uppvägs till viss del av dess relativt milda sätt. Innan de biter har de oftast varnat länge. De dödsfall som inträffar efter bett under gudstjänst är nog uteslutande orsakade av skogsskallerormarna. De som söker vård och hinner få vård i tid överlever oftast. USA har bra sjukvård, men ett bett kan bli dyrt då landet inte har offentligt finansierad sjukvård.

Skogsskallerorm är en rätt stor art, både för att vara giftorm och för att vara skallerorm. Längdmässigt brukar man säga att de blir upp till 150cm långa, men vanligtvis är de kring 110cm. Rapporterat längdrekord är 189,2cm (Klauber, 1956).
Stora exemplar kan enligt uppgift väga så mycket som 4,5kg, vilket är mycket för att vara en giftorm. Vanligtvis är det ormar som kramar ihjäl sina byten som är lite grövre och tyngre.
På ryggen har de ett mönster av mörkbruna eller svarta korsband på en gulbrun eller gråaktig botten. Tvärbanden har oregelbundna sicksackkanter och kan vara V- eller M-formade. Ibland finns en rostfärgad rand längs ryggkotorna, se bild på nästa sida. På magen är de blekt gulaktiga med en del mindre, mörka fläckar. Skogsskallerormar är rätt gråa när de föds, både mönster och bottenfärg går i gråskala.

Foto: Wikimedia Commons / Public Domain. Bild från Mark Catesbys "The Natural History of Carolina, Florida and the Bahama Islands", med en Vipera caudisona som arten hette när bilden ritades år 1743.

Foto: Dr. Edward J. Wozniak.
Vuxen skogsskallerorm med det streck högst upp på ryggen som arten har i vissa delar av utbredningsområdet. Förr trodde man att de ormar som hade detta streck tillhörde en egen underart som kallades Canebrake rattlesnake. I folkmun används namnet fortfarande. Canebrake är ett snår av något av en mängd olika Arundinaria-gräs. Dessa växer ungefär som bambu i gigantiska snår som kan bli upp till 6–7 meter höga. Gräset finns i allmänhet i bäckdalar och raviner i hela sydöstra USA.

Foto: Phil Dunning.
Nyfödda skogsskallerormar som snart ska ömsa första gången.

Melanism är inte helt ovanligt, vissa exemplar är mycket mörka, nästan helt svarta. Melanism är även vanligt förekommande hos våra svenska huggormar, skillnaden är att "våra" huggormar kan bli helt svarta. Inga exemplar av varken skogsskallerormen eller den svenska huggormen föds riktigt mörka eller helt svarta, de mörknar med åldern. Melanism är ett biologiskt begrepp som innebär en förhöjd koncentration av melaniner. Effekten blir att djuret får en mörkare, eller helsvart, pigmentering. Alla känner vi till den svarta pantern?

Foto: Rickard Ljunggren
Melanistisk huggorm, bild tagen utanför Hässleholm i Skåne.

Vår svenska huggorm tillhör samma familj som skogsskallerormen, kopparhuvudet och vattenmockasinen. Inom den biologiska systematiken är en familj en undergrupp till en ordning, och består av ett eller flera släkten, vilka i sin tur delas in i arter.

Foto: Phil Dunning.
Övervintringsplats med flera skogsskallerormar. Precis som i Sverige så behöver ormarna i regionen gå i dvala och övervintra på frostfritt djup under mark. Säsongen för övervintring skiftar med klimatet, precis som det gör i Sverige. Skallerormar i södra delarna av artens utbredningsområde övervintrar under en kortare tid, växer snabbare, reproducerar sig i en tidigare ålder

och har kortare reproduktionsintervall än skallerormar i de norra delarna av utbredningsområdet. Parning sker från mitten av juli till slutet av oktober, hanar lokaliserar honor för parning med hjälp av luktsinnet och tidigare erfarenhet. Skogsskallerormar har lång reproduktionsintervall och sen sexuell mognad. Sexuell mognad hänger ihop med kroppsstorlek och kondition och varierar inom utbredningsområdet. De når sexuell mognad mellan 4 och 11 års ålder, hanar når sexuell mognad snabbare än honor. I nordöstra New York nådde hanar sexuell mognad i en genomsnittsålder av 5,3 år och honor vid 8,3 års ålder. I Appalacherna nådde hanar sexuell mognad vid 4,4 år och honor vid 6,8 år. Honor producerar kullar med 2-års, 3-års eller 4-års intervall. I Appalacherna är det genomsnittliga reproduktionsintervallet 3 år, vilket innebär att en hona får tre till fem kullar under sin livstid. Livslängden för skogsskallerormen är vanligtvis 10 till 20 år, men kan vara upp till 30 år i extrema fall.

När parningen har skett lagrar honorna spermier i flera månader. Ägglossning och befruktning sker på våren, fyra till sex veckor efter att de kommit upp ur vinterdvalan. Dräktigheten är tidsinställd så att förlossningen sker under den varmaste tiden på året, från slutet av juli till början av oktober. Tidpunkten för förlossningen kan variera kraftigt från år till år inom en region beroende på väder. Skogsskallerormar är, precis som kopparhuvuden, vattenmockasiner och våra svenska huggormar, ovovivipara. Det är en överbryggande form av reproduktion mellan äggläggande och levandebärande reproduktion. Det innebär att dessa djur har embryon som utvecklas inuti ägg som förblir i moderns kropp och kläcks däri. Kullstorleken varierar från 5 till 22 och är i genomsnitt 6 till 8. Honorna bryr sig inte om de nyfödda men har observerats stanna kvar inom en meters avstånd i upp till två veckor efter förlossningen.

Foto: Phil Dunning

Foto: Phil Dunning. Skogsskallerorm vid övervintringsplats i Clinton County, Pennsylvania (bägge bilder)

Unga exemplar av skogsskallerormen har en lägre överlevnadsförmåga än vuxna exemplar. Dödsorsaker för nyfödda inkluderar predation, brist på lämpliga byten och brist på lämpliga hålor att söka skydd i. Alla nyfödda exemplar får inte i sig föda under perioden mellan födseln och första dvalan. Detta brukar inte vara en dödsorsak, men svält efter första dvalan kan vara det.
Den vanligaste dödsorsaken hos vuxna exemplar är möte med oss människor och den inverkan på naturen vi har. Det kan handla om jakt, medveten insamling av gravida honor för att minska populationer och förstörelse av livsmiljö och övervintringsplatser. En oförstörd övervintringsplats används år efter år, ormarna återvänder till samma plats varje vinter. En övervintringsplats som får vara i fred kan ha använts i många hundra år, i vissa fall i flera tusen år. Detsamma gäller för övervintringsplats för andra arter.
Icke-mänskliga dödsorsaker inkluderar svält, predation och att de fryser ihjäl under vinterdvalan. Hanar har en ökad risk för att komma i vägen för predatorer under parningssäsongen, då de rör sig mycket i jakten på en parningsvillig hona.

Skogsskallerorm finns i den östra halvan av USA. Arten förekommer i ett område från södra delarna av Minnesota och söderut till östra Texas. Utbredningsområdet sträcker sig österut bort till de södra delarna av New Hampshire och söderut till norra Florida. Skogsskallerormens historiska utbredningsområde inkluderar södra Ontario och södra Quebec i Kanada, men räknas sedan 2001 som utrotad i landet.
I allmänhet finns denna art i lövskogar i oländig terräng. Under sommaren verkar dräktiga honor föredra öppna, steniga avsatser där temperaturen är högre, medan hanar och icke-gravida honor tenderar att tillbringa mer tid i svalare, tätare skogsmark med mer stängt "skogstak". Under vår och höst är skogsskallerormen dagaktiv, men under sommaren när det är

som varmast övergår de till att vara skymnings- och nattaktiva för att undvika den värsta hettan.

Som jag skrev i kapitlet om ormar i Appalachia så övervintrar dessa, precis som våra svenska ormar gör. En hyfsat stor del av livet går åt till övervintring och övervintringens längd varierar med vinterns längd, precis som här i Sverige. Jag bor i Skåne och har förmånen att hitta huggormar tidigt på våren, innan någon med samma intresse kan se huggorm i norra Sverige.
I den nordligaste delen av skogsskallerormens utbredningsområde är övervintringen ca 7,5 månader och i de södra delarna ungefär 5 månader. I Appalacherna är övervintringen i genomsnitt knappt 7 månader, från oktober till slutet av april eller början av maj. Övervintringens start och längd skiljer sig från år till år, beroende på väder. När frosten kommer och det är för kallt för att jaga, äta och smälta mat är det dags att söka sig till övervintringsplatsen.
Skogsskallerormarna övervintrar tillsammans, även med andra arter av orm. Man har hittat övervintringslokaler med upp till 200 skogsskallerormar.
Slutet för övervintringen verkar, förutom vårens ankomst, även styras av ormarnas medfödda biologiska rytm.
Skogsskallerormarna rör sig säsongsvis mellan vinterlokal och sommarlokal, där varje plats fyller säsongens behov för ormen. Dessa bägge platser kan ligga hyfsat långt ifrån varandra, men även vara i princip samma område. Hanar rör sig över större område än honor, gravida honor håller sig nära övervintringsplatsen. Vinterlokalen erbjuder trygg vila på frostfritt djup, sommarlokalen erbjuder möjlighet till föda och lämplig plats att sola och para sig på. På hösten återvänder man till samma övervintringsplats som föregående år. Ormarna orienterar sig genom att följa doftspår från hudsekret från andra individer. Färdvägen fram och tillbaka mellan sommar-

och vinterlokal är densamma, så länge inget i naturen förändras eller förstörs.

Vad som står på skogsskallerormens matsedel skiljer sig beroende på kön, säsong och kroppsstorlek.
I Appalacherna söker hanarna aktivt föda från tidig vår tills parningssäsongen börjar på sommaren. Under parningstiden äter hanar sällan, men återupptar jakten på föda i början av hösten. Icke gravida honor söker kontinuerligt föda från mitten av maj till slutet av september, gravida honor äter sällan eller aldrig under senare delen av graviditeten. Samtliga ormar i regionen slutar äta när hösten kommer. När övervintringen startar måste magen vara tom, en nedkyld orm har inte en fungerande matsmältning.
Ungar av skogsskallerorm äter gärna olika arter av möss medan större exemplar föredrar råttor, kaniner och olika ekorrar.
Deras jaktstrategi är att sitta blickstilla och vänta på att ett bytesdjur som inte upptäckt ormen råkar komma för nära.
Till sin hjälp har ormen synen, tungan som läser av dofter, möjligheten att känna av vibrationer i marken och t om förmågan att "se" infraröd strålning. Bytesdjuren har en kroppsvärme som är högre än omgivningens temperatur. Därför sänder de ut en intensivare värmestrålning än omgivningen. Skallerormarna använder sig av denna värmestrålning för att "se" sitt byte. Denna kombination av hjälpmedel innebär att ormarna även kan jaga mitt i natten.
Bytet fälls genom ett bett där ormen injicerar sitt gift. Bytet släpps omedelbart efter bettet, men kommer inte långt innan giftet börjar verka. Förutom att förgifta byten bryter giftet ner byteskroppens vävnad, vilket underlättar matsmältningen. Jakt sker oftast efter nio på kvällen och varar fram till morgonen. En skogsskallerorm som jagar spenderar nästan tio timmar per dag i bakhållsställning.

Alla djur har sin plats i näringskedjan. Skogsskallerormen äts av rovfåglar såsom hökar och ugglor, men även av rävar, prärievargar och skunkar. Naturen håller alltid balansen så länge vi människor inte lägger oss i. Rovdjuren blir aldrig för många, bytesdjuren blir aldrig för få.
Människans förstörelse av livsmiljöer och jakt har den största negativa inverkan på bestånden av skogsskallerormar. Detsamma kan nog tyvärr sägas om många djurarter på vår jord.
Många populationer av skogsskallerormar har minskat eller utrotats sedan den europeiska koloniseringen av Nordamerika. Undersökningar gjorda från 1940-talet till 1990-talet har visat en omfattande nedgång, främst på grund av mänskliga aktiviteter. Dessa aktiviteter innefattar förstörelse av ormarnas livsmiljö när vi människor avverkar skog för att utöka vårt eget levnadsområde, men även ren jakt på skallerormar och insamling av skallerormar i syftet att lokalt utrota arten. Det har t om förekommit att man sprängt övervintringsplatser eller fyllt igen dessa. Min tro är att det bästa vi människor kan göra i naturen är att göra så lite som möjligt. Tar vi bort en del av näringskedjan får det effekt någon annanstans i kedjan. Samtliga arter i naturen fyller en funktion, vi ska inte försöka ta bort eller lägga till något i kedjan.

Foto: Pixabay

7. Kopparhuvud

	Vetenskapligt namn	Populärnamn
Familj	Viperidae	Huggormar
Släkte	Agkistrodon	Amerikanska mockasiner
Art	Agkistrodon contortrix	Kopparhuvud

Foto: Dr. Edward J. Wozniak. Bild tagen i Harris county, Texas.

Släktnamnet, Agkistrodon, kommer från de grekiska orden "ankistron" (fiskkrok) och "odon" (tand) och är troligen en referens till huggtänderna. Artnamnet, contortrix, kommer från

latinets contortus som betyder tvinnad, intrikat, komplex och hänvisar till ormens mönster. Enligt mig är detta Nordamerikas vackraste ormart!
På engelska kallas just denna art Eastern copperhead och det finns en närbesläktad art som heter Broad-banded copperhead, Agkistrodon laticinctus. Tidigare var taxonomin uppdelad i en art av kopparhuvud, med fem underarter. Ändringen av taxonomin har inte slagit igenom överallt och de gamla namnen på de fem underarterna är fortfarande vanligare förekommande än nuvarande indelning. Lite samma fenomen som för skogsskallerormen, för många finns det fortfarande två underarter fastän genetiska analyser påvisar att det är en art med geografiska variationer i utseende.
För de fem underarterna av kopparhuvud visade det sig att tre underarter var monotypiska (taxonomiskt begrepp som innebär att en grupp bara har en biologisk typ) och samtliga tre arter tillhör den art som detta kapitel handlar om. De andra två slogs ihop till laticinctus, de bredbandade kopparhuvudet.

De tidigare underarterna:	Nuvarande taxonomi:
Southern copperhead Agkistrodon contortrix contortrix	Eastern copperhead Agkistrodon contortrix
Northern copperhead Agkistrodon contortrix mokasen	Eastern copperhead Agkistrodon contortrix
Osage copperhead Agkistrodon contortrix phaeogaster	Eastern copperhead Agkistrodon contortrix
Broad-banded copperhead Agkistrodon contortrix laticinctus	Broad-banded copperhead Agkistrodon laticinctus
Trans-Pecos copperhead Agkistrodon contortrix pictigaster	Broad-banded copperhead Agkistrodon laticinctus

Amerikanska mockasiner är ett släkte av huggormar som enbart förekommer i Nordamerika, från södra USA till norra Costa Rica. Just nu är åtta arter erkända, nästa kapitels vattenmockasin ingår också i släktet. Samtliga åtta arter är giftiga. Kopparhuvudet och vattenmockasinen står för många av giftormsbetten i naturen i USA, men de har ett mildare gift än skallerormarna och dödsfall är rätt ovanligt.
När kopparhuvudet känner sig hotad vibrerar den snabbt sin svansspets. Detta sätt att varna pågår inte i samma omfattning som när en skallerorm vibrerar sin skallra. Antingen lämnar kopparhuvudet platsen eller så gör ormen utfall. Har ormar möjlighet att göra så, lämnar de helst platsen. Ormar har inget att vinna på en strid med oss människor.
Arten saknar skallra och är beroende av att underlaget, såsom torra löv, hjälper till att skapa ljud. Just detta med att vibrera med svansen som ett hot innan utfall görs är rätt vanligt i ormarnas värld. Många amerikanska snokar gör så, här hemma har jag asiatiska snokar som gör likadant. Ett bra sätt att påminna oss om att hålla avstånd och låta ormen vara i fred!

Kopparhuvudets giftstyrka är bland de lägsta hos underfamiljen näsgropsormar. Näsgropsormar (Crotalinae), eller gropviperor, är en underfamilj giftiga huggormar som du hittar i delar av Asien och i Amerika. Vattenmockasinen har ett något starkare gift och skogsskallerormens gift är betydligt starkare. Kopparhuvudet använder sig ofta av varningsbett på oss människor, precis som den svenska huggormen gör. Ormen biter, men injicerar lite eller inget gift. Ormen sparar på sitt gift, men budskapet har ändå gått fram.

Typiska symptom efter ett bett är extrem smärta, stickningar, bultande, svullnad och kraftigt illamående. Skador kan uppstå på muskel- och benvävnad, särskilt när bettet sker i de yttre extremiteterna såsom händer och fötter. Även om detta inte är en extremt giftig art så ska alltid bett från en giftig orm tas på största allvar. Man ska omedelbart söka läkarvård eftersom en allergisk reaktion eller sekundär infektion alltid är möjlig. Dödsfall inträffar, men är rätt ovanligt.

Kopparhuvudets gift har visat sig innehålla ett protein, contortrostatin, som stoppar tillväxten av cancerceller hos möss. Vidare studier har gjorts och resultaten tyder på att contortrostatin orsakar apoptos hos bröstcancerceller, vilket hämmar tumörtillväxt och metastasering. Apoptos, eller programmerad celldöd, är ett sätt för celler i organismer att på ett kontrollerat sätt begå självmord utan att skada sin omgivning, till skillnad från den mer kaotiska nekrosen som man t ex kan drabbas av efter ett giftormsbett.

Kopparhuvud är inga stora ormar, likt många andra huggormar så håller de sig oftast under metern i längd. Normalspannet för kroppslängden ligger på 50cm och upp till närmre en meter, men allt över 80cm får räknas som ovanligt. Konstaterade längdrekord finns på strax över 130cm. Kroppen är rätt kraftig och huvudet är brett och väl markerat från den relativt smala nacken. Ögonen har den smala kattögonliknande pupill som alla andra arter i familjen huggormar har. Kopparhuvud har en blekbrun till rosabrun grundfärg som blir mörkare längst upp längs rygglinjen. Som artens populärnamn antyder får huvudet anses vara kopparfärgat. Mönstret består av 10–18 band eller fläckar på sidorna. Dessa går i samma färgskala som grundfärgen, men är något mörkare med ännu mörkare kanter. Ofta är dessa markeringar uppdelade vid mittlinjen och alternerar på båda sidor av kroppen, med vissa exemplar har markeringar som hänger ihop över rygglinjen. Det förekommer också att ormarna har mörkare fläckar i dessa markeringar. Magen har samma färg som grundfärgen, eller ljusare. Längs sidorna på magen går ett mönster av kraftigt markerade mörka fläckar och vissa fjäll är något mörkare än grundfärgen.

Juveniler har en ljus svans med gulaktig svanstipp, precis som många av våra europeiska huggormars juveniler har. Denna ljusa och rätt skarpt gula svans används av ormen för att locka till sig grodor eller ödlor. En groda, ödla eller annat byte tror att den gula svansen är en insekt eller mask, när de försöker bita tag i den gula "insekten" vänder ormen sig snabbt för att fånga sitt byte. Se den ljusgula svansen som en krok på änden av en fiskelina!

Övervintringen och livscykeln för kopparhuvudet ser i stort sett likadant ut som det gör för skogsskallerormen, det gör det för alla arter som lever där årstiderna kräver att man vistas en period av året på frostfritt djup. Kopparhuvud är dock något tåligare mot kyla, för arten börjar livet ovan mark redan i mars/april och pågår in i november. Senhöstens kyla ger kopparhuvudet en signal att det är dags att återvända till övervintringsplatsen och både den biologiska rytmen och vårvärmen sätter slutdatum för övervintringen. Det händer även att kopparhuvud tittar upp för att sola mitt i vintern, om vädret tillåter. I övrigt följer denna art samma mönster som skogsskallerormen gällande sommar- och vinterlokal.

Kopparhuvudena blir könsmogna i fyraårsåldern ungefär och parar sig på senvåren eller tidigt på hösten. Honor kan lagra spermier (ofta från flera olika hanar) och skjuta upp befruktningen av sina ägg under längre perioder men ägglossning och befruktning sker vanligtvis på våren. Hanar kämpar för rätten att para sig med honor och hanar som förlorar en kamp kommer ibland inte att utmana en annan hane igen. Honor kan också slåss mot eventuella kavaljerer och hon kommer inte att para sig med en besegrad hane. Resultaten av dessa parningskamper är en viktig del av det naturliga urvalet, de starkare individerna får föra sina gener vidare. Denna parningsritual är inte unik för kopparhuvud, det ser ut så hos många ormar.

På hösten föder honan allt från enstaka till drygt 15 ungar, men det vanliga är fyra till sju ungar. Större honor föder ett större antal ungar. Ibland producerar honan ungar flera år i rad, men de kan också hoppa över ett år eller två.

Kopparhuvud kan föda en "jungfrufödsel" genom en process som kallas partenogenes, en form av asexuell reproduktion där ett obefruktat ägg kan utvecklas till mognad. Denna förmåga är vanligare hos ryggradslösa djur. Samma fenomen finns hos andra reptiler, men är ovanligt förekommande förutom hos jungfrugeckon.

Man brukar säga att ungarna ”föds levande”, som jag skrev i förra kapitlet är även kopparhuvud ovovivipara. Det är en överbryggande form av reproduktion mellan äggläggande och levandebärande reproduktion. Ungarna utvecklas inuti ägg som förblir i moderns kropp och kläcks däri, sedan kommer de ut täckta av en tunn hinna från vilken de snabbt tar sig ut. Utvecklingen av denna typ av levandefödslar minskar exponeringen av de ägginkapslade embryona för både predatorer och felaktig miljö.

De unga kopparhuvudena är upp till närmre 20cm långa och föds precis som andra giftormar med både huggtänder och gift. De unga ormarna kan ta byten under de veckor som återstår innan de måste gå in i sin första övervintring. Alla nyfödda ungar lyckas inte med att ta ett första byte innan första dvalan, men det minskar inte chansen att överleva vintern.

Ungefär i fyraårsåldern räknas de som vuxna, då har de nått en vuxen individs storlek och är själva redo för att para sig. Livslängden kan vara upp till 18 år, längre i fångenskap där det förekommer uppgifter upp till 30 års ålder, men det är inte ovanligt att kopparhuvud i det vilda inte blir äldre än 6–8 år.

Foto: Phil Dunning. Nyfödda kopparhuvud. Hos många ormarter färgar ormarna ut efter hand, färgerna blir klarare och klarare.

Foto: Kris Boldizar. Sättet att visa att man är på sin vakt liknar vattenmockasinens.

Som det engelska populärnamnet skvallrar om så förekommer detta kapitels kopparhuvud i de östliga delarna av USA, men arten har ett stort utbredningsområde och förekommer i de södra delarna av landet så långt västerut som i Texas och t om en bit in i Mexiko. Arten saknas i de mest södra delarna av Texas och förekommer bara i norra delen av Florida. Utbredningsområdet är rätt likt skogsskallerormens men kopparhuvud förekommer inte lika långt norrut, gränsen går i höjd med de södra delarna av staten New York. I Washington, D.C är det den enda förekommande giftormen.

Inom sitt utbredningsområde hittas den i en mängd olika livsmiljöer, men i stora delar av området föredrar arten lövskog och blandad skogsmark. Kopparhuvud förknippas ofta med klipphällar och avsatser, men finns också i låglänta, sumpiga områden. I staterna runt mexikanska golfen finns kopparhuvud även i barrskog och i Chihuahuanöknen i västra Texas och norra Mexiko förekommer den i strandlivsmiljöer. Kopparhuvud hittas även i övergivna och förfallna byggnader, på byggarbetsplatser och i förortsområden. Just detta faktum bidrar nog till det faktum att arten står bakom flest giftormsbett per år i USA. Enligt statistik blir knappt 3000 människor bitna per år av kopparhuvud, men eftersom arten har ett mildare gift än en del andra giftormar och även delar ut torrbett har vi säkert ett mörkertal likt det vi har i Sverige gällande huggormsbett.

Kopparhuvud är marklevande ormar, men det förekommer att arten ses ringlandes i träd på jakt efter ett byte eller en bra plats att sola på. Detsamma gäller för skogsskallerormen och vattenmockasinen, samtliga tre är marklevande arter men det händer att de tar sig upp i grenverk och buskage. Det finns herpetologiska rapporter från Texas som beskriver kopparhuvuden på jakt efter cikador så högt som 12 meter upp i växtlighet.

Precis som de flesta andra arter av ormar får vi räkna kopparhuvudet som en opportunist när det gäller dieten. Kopparhuvudet livnär sig på en mängd olika byten, både ryggradslösa djur (främst leddjur) och ryggradsdjur. Med ökande ålder och växande storlek förskjuts kosten från ryggradslösa djur till ryggradsdjur, men även ett fullvuxet exemplar kan äta insekter, spindeldjur, mångfotingar eller liknande. Kosten varierar naturligtvis också beroende på de aktuella geografiska förutsättningarna.

Bland de ryggradslösa djuren kan cikador, larver, tusenfotingar, spindlar, skalbaggar, trollsländor, gräshoppor och syrsor vara en del av kosten. Större bytesdjur kan bestå av andra ormar, ödlor, salamandrar, små sköldpaddor, grodor, småfåglar, fladdermöss, sorkar, möss, mullvadar, råttor, ekorrar, jordekorrar och kaniner och t om kadaver av dessa arter. Variationen på byten är stor, men det vanligast förekommande bytet är en mus eller någon annan mindre gnagare. Gravida honor fastar vanligtvis, precis som hos många andra ormarter.

Precis som så många andra arter av huggormar jagar kopparhuvudet främst genom att ligga i bakhåll. De ligger blickstilla på en lämplig plats och väntar på att ett bytesdjur ska råka komma för nära. Undantaget är när ormen jagar insekter, då de istället jagar aktivt. Yngre exemplar jagar även genom att locka till sig byten, som beskrivet i slutet av sidan 81 och början av sidan 82. Syn, lukt och värmedetektering används för att lokalisera byten. När kopparhuvudet tar mindre byten eller fåglar släpper de inte taget efter utdelat bett. Ormen har kvar bytet i munnen tills det dör. När de biter större bytesdjur släpper de istället taget direkt efter utdelat bett, för att inte riskera skador när bytesdjuret försöker försvara sig eller komma loss. Därefter får giftet göra sitt arbete medan ormen letar upp sitt nyligen bitna byte. Efter utdelat bett blir lukt och smak det primära sättet att spåra upp den blivande måltiden.

Ugglor och hökar är kopparhuvudets vanligast förekommande predatorer, men ugglorna tar främst yngre och mindre exemplar. Opossum är ett av de mest framgångsrika rovdjuren och används ibland för att hålla bestånden av kopparhuvud nere. Arten är immun mot kopparhuvudets gift vilket gör att ormen i princip saknar möjlighet att försvara sig. Oxgrodor jagar på natten, även juvenila kopparhuvud. Andra kända predatorer är tvättbjörnar och alligatorer.

Sist men inte minst, så finns det flera ormarter som har kopparhuvud på menyn. "Black racer", kungssnokar, östlig indigosnok och nästa kapitels vattenmockasin äter gärna kopparhuvud.

Foto: Pixabay

8. Vattenmockasin

	Vetenskapligt namn	Populärnamn
Familj	Viperidae	Huggormar
Släkte	Agkistrodon	Amerikanska mockasiner
Art	Agkistrodon piscivorus	Vattenmockasin

Foto: Pixabay

Släktnamnet Agkistrodon är detsamma som föregående kapitels kopparhuvud har. Artnamnet, piscivorus, kommer från latinets "piscis" (fisk) och "voro" ((jag) äter girigt). Detta ger arten namnet "fiskkrokstandad fiskätare", vilket enligt mig inte låter lika bra som de engelska populärnamnen. Arten har många namn i engelskan, cottonmouth, water moccasin, swamp moccasin, och black moccasin är de vanligast förekommande av över 60 olika namn. Denna djungel av namn kan ibland skapa förvirring, därav använder många inom herpetologin sig oftast av de vetenskapliga namnen. Ibland kan det även vara så att ett populärnamn används om flera olika arter. Ett exempel är förra kapitlets kopparhuvud. På engelska heter den copperhead, men det kallas även tre arter av giftiga ormar i Australien. Det vetenskapliga namnet finns det alltid bara ett aktuellt av, det finns aldrig olika arter som delar vetenskapligt namn och namnet är internationellt. Whater och Swamp i populärnamnen hänvisar till det habitat som man ofta hittar arten i, moccasin kommer ifrån släktnamnet. Släktet kallas för moccasin vilket är det algonkanska ordet för "sko". Algonkinspråk är samlingsnamn för en grupp besläktade språk som talas av urbefolkningar i USA och Kanada. Ursprunget till detta smeknamn är okänt, första gången det dyker upp i skrift är år 1765. Man gissar att användningen relaterar till ormarnas färg och utseende eller på tystnaden med vilken de rör sig.

Vattenmockasin har följt med till svenskan, men jag skulle tro att cottonmouth är det namn som används mest i USA. Namnet cottonmouth hänvisar till det vita gap som arten visar upp när den känner sig hotad, se bild på föregående sida. Samma fenomen hittar du hos den svarta mamban Afrika, där ormen visar upp sitt kolsvarta gap. I hemmet har jag grön kattsnok, Boiga cyanea, i terrarium. Den gröna kattsnoken visar också upp ett kolsvart gap när den känner sig hotad, men till skillnad från den svarta mamban så har arten ett rätt svagt gift.

Foto: Pixabay. Vattenmockasinen är den mest vattenlevande arten av släktet Agkistrodon och förknippas med vattendrag såsom bäckar, kärr, träsk och stränderna vid dammar och sjöar.

Foto: Pixabay. Mockasiner tillverkade av arapaho, nordamerikanskt ursprungsfolk som levde på prärien.

En hotad vattenmockasin vibrerar med sin svans, precis som många andra huggormar och snokar gör. Mer typiskt för arten är uppvisandet av det vita gapet, munnen med bomull i. Ser man en orm i USA som kastar bak huvudet och visar upp ett vitt gap kan man vara säker på att det är en vattenmockasin man ser, en cottonmouth. Ofta vibrerar svansen, men det är inte unikt för arten. Vattenmockasinen väser ofta högt vid hot, precis som vi ibland kan höra vår svenska huggorm göra. Andra defensiva reaktioner kan vara att platta till kroppen för att se större ut och avge ett starkt illaluktande sekret från analkörtlarna som finns vid svansbasen. Detta sekret kan kastas ut i tunna strålar om ormen är tillräckligt upprörd eller om den blir fasthållen. Lukten har liknats vid den av en get eller illaluktande sjögräs.

Vattenmockasinens har ett starkare gift än förra kapitlets kopparhuvud har. Gifttänderna är ihåliga som en kanyl och bakåtböjda, precis som kopparhuvudenas och skallerormarnas gifttänder. Lokal svullnad uppstår kring bettet, vilket man nog kan räkna med efter ett giftormsbett oavsett vilken art det var som bet. Smärtan efter ett bett är i allmänhet svårare än efter bett från kopparhuvudet, men mindre än efter bett från skallerormar. Giftet är vävnadsförstörande och kan även ge blödningsrubbningar, bett kan lämna kraftiga ärr och i sällsynta fall kräva amputation. Dödsfall är sällsynta, effektivt serum finns som är framställt av gift från vattenmockasin, mojave-skallerorm (Crotalus scutulatus), östlig diamantskallerorm (Crotalus adamanteus) och västlig diamantskallerorm (Crotalus atrox). Bett från vattenmockasin är inte helt ovanliga från nedre Mississippi och de andra delstaterna vid mexikanska golfen. Många stöter på ormen i naturen, men precis som andra ormarter så väljer vattenmockasinen att undvika oss människor eller att be oss att hålla avstånd genom att hota oss. Giftet gör större nytta i ett bytesdjur än i oss människor, giftormar använder hellre gift till jakt på föda än till försvar.

Vattenmockasinen är den största arten i släktet Agkistrodon. Vanligtvis blir arten ungefär 80–90 cm och de är rätt kraftigt byggda. Precis som för många andra arter så cirkulerar det en hel del skrönor om storleksrekord, det är inte bara storfiskare som har svårt att ange korrekt storlek på de djur man stött på i naturen. Största bekräftade exemplaret i naturen var 188 cm långt. Denna vattenmockasin fångades in och gavs till Philadelphia Zoological Garden. Tyvärr skadades ormen under infångandet och dog några dagar senare. Ett exemplar i denna storlek väger över 4 kg.

Det breda huvudet är distinkt från halsen och nosen är trubbig i profil med kanten på toppen av huvudet som sträcker sig framåt något längre än munnen. Fjällen är kölade, precis som hos kopparhuvud, skallerormar och många andra ormar. Kölade fjäll har en ås i mitten vilket gör att de känns grova vid beröring. Motsatsen kallas släta fjäll. Hos oss i Sverige är huggormen och hasselsnoken två tydliga exempel. Huggormen har kölade fjäll, hasselsnoken har släta fjäll och kallas ibland för slätsnok. Det finns teorier om kölningens funktion, att eftersom det minskar glansen hos reptilen blir det lättare för djuren att gömma sig, vilket kan vara en evolutionär fördel. Hos vissa huggormar, framför allt de av släktet Echis, är fjällen inte bara kölade, utan kölen har små tandningar. Ormarna använder detta för att varna och hota. Genom att slingra sig mot sin egen kropp bildar de ett fräsande ljud genom friktionen som uppstår. Denna metod för att göra ljud kallas stridulation.

Majoriteten av vattenmockasinerna är bruna, svartbruna eller till och med helt svarta, med undantag för huvud- och ansiktsmarkeringarna. Ormarna kan ha ett mönster som består av en gulgrön, brun, gråbrun eller svartaktig grundfärg som är överlagd med en serie av mörkbruna till nästan svarta korsband. Dessa korsband, som vanligtvis har svarta kanter, bryts ibland längs ryggen. Dessa korsband är synligt ljusare i mitten och matchar där nästan grundfärgen. Korsbanden innehåller ofta oregelbundna mörka markeringar och sträcker sig långt ner på sidorna av ormen. Juvenila och subadulta exemplar har i allmänhet en ljusare grundfärg och ett mera kontrasterande färgmönster, med mörka korsband på en ljusare grundfärg. Grundfärgen är då gulbrun, brun eller rödbrun. Bandmönstret bleknar efter hand då vattenmockasinerna blir mörkare med stigande ålder, äldre individer är nästan enhetligt färgade i olivbrunt, gråbrunt eller svart. Vattenmockasinens mage är vit, gulvit eller brun och markerad med mörka fläckar, magen blir mörkare baktill. Undersidan av huvudet är vanligtvis vit, krämfärgad eller brun. Svansspetsen är gulaktig hos juveniler, blir gröngul eller grönaktig hos subadulta och sedan svart hos vuxna. På vissa juveniler kan bandmönstret också synas på svansen. Mer om svansspetsarnas färg och funktionen med färgen hittar du i föregående kapitel.

Vattensnokarna av släktet Nerodia misstas ofta för att vara vattenmockasiner och dödas ibland därför. Dessa snokar är grova med stora huvuden och går i ungefär samma färgskala som vattenmockasinerna. Vattensnokarna har dock runda pupiller, saknar den typiska näsgropen och vibrerar aldrig med svansen. En annan skillnad är att en vattensnok oftast flyr från ett möte med en oss människor, vattenmockasinen ligger ofta blickstilla och visar sitt vita gap. Vattensnokarna är helt ofarliga för oss människor, de saknar gift. Både vattensnokar och vattenmockasiner lever en stor del av sitt liv i eller nära vatten.

Vattenmockasinen finns i östra USA, vilket kanske inte överraskar när man kommit så här långt in i boken. Arten hittar du i Alabama, Arkansas, Florida, Georgia, Illinois, Indiana, Kentucky, Louisiana, Mississippi, Missouri, North Carolina, Oklahoma, South Carolina, Tennessee, Texas och i Virginia. I stort sett ungefär samma område som kopparhuvud och skogsskallerorm hittas i, men inte de norra delarna av de andra två arternas utbredningsområde. Däremot hittar man vattenmockasinen längre söderut än vad man hittar skogsskallerorm eller kopparhuvud.

I norra delarna av utbredningsområdet övervintrar vattenmockasinen. I mångt är livscykeln likadan som för kopparhuvud, övervintringen är inte så lång och de är ofta någorlunda aktiva fram till den första kraftiga frosten och dvalan slutar rätt tidigt på året. I de södra delarna av dess utbredningsområde kan vilan vara kort eller utelämnas helt. I rätt stora delar av levnadsområdet kan de hittas året runt, även under soliga dagar på vintern.

Vattenmockasinen kan para sig året runt, men det vanliga är att parning sker i april eller maj och att ungarna därefter föds i augusti eller september. Honor föder i genomsnitt 5 till 9 levande ungar, men kan få så många som närmre 20 och så få som enstaka. Gällande övervintring, könsmognad, parning och parningsritualer, födsel och jungfrufödsel kan du snegla på sidan 82-83, vattenmockasin och kopparhuvud fungerar ungefär likadant. En nyfödd vattenmockasin är lite större än ett nyfött kopparhuvud, från närmre 20 cm upp till 30 cm. Vattenmockasinens honor kan bli könsmogna något tidigare, redan vid tre års ålder, om väder och tillgången till mat är gynnsamt. Vattenmockasinen vakar ofta över de nyfödda, mer om detta på sidan 97.

Även om vattenmockasinen och kopparhuvudet är närbesläktade och har ungefär samma utbredningsområde så skiljer sig livshabitatet åt en del. Vattenmockasinen är den mest vattenlevande arten av släktet Agkistrodon. De lever stora delar av sitt liv nära vattendrag som bäckar, bevattningsdiken, kärr, träsk och vid stränderna till dammar och sjöar. I djupt och kallt vatten hittar man oftast inte vattenmockasinen, det är ju trots allt växelvarma djur. Arten kan påträffas i bräckt vatten och ibland i saltvatten, men det är något ovanligare. Större exemplar av vattenmockasin kan hittas längre från vatten än mindre exemplar, upp till närmre två kilometer iväg. Vattenmockasinen har på vissa platser anpassat sig till skogsmiljö och prärie.

Vattenmockasinen är marklevande och spenderar dessutom en del av sin tid i eller på vatten. De solar gärna på stockar, stenar eller lägre grenar. Ser man en vattenmockasin någon meter upp i grenverk eller högre är det troligtvis en vattensnok man sett. Det händer också att vattenmockasinen ligger hopringlad och flyter på vattenytan.

Arten kan vara både dag- och nattaktiv. Föda jagas främst efter mörkrets inbrott under de varmare delarna av den aktiva säsongen. Vattenmockasinen jagar både genom att ligga i bakhåll och genom att aktivt leta upp byten. Yngre exemplar jagar även genom att locka till sig byten, som beskrivet i slutet av sidan 81 och början av sidan 82. Även vattenmockasinen är en opportunist, det är nog få djur i lagom storlek som inte skulle kunna bli en måltid. I födan ingår en mängd olika vatten- och landlevande djur. De äter amfibier, ödlor, ormar (inklusive vattenmockasiner), små sköldpaddor, mindre alligatorer, små däggdjur, fåglar och fiskar. Även kadaver av dessa djur kan slinka ner och t om fiskrens och slakteriavfall. Små byten hålls fast efter bett, men större byten som kan skada vattenmockasinen släpps direkt och ormen avvaktar och låter giftet göra sitt arbete innan den närmar sig igen.

Det finns dokumenterade fall där vattenmockasinen har ätit mindre exemplar av den invasiva arten burmesisk pyton. Burmesisk pyton (Python bivittatus) är en art från Sydostasien och en av de fem största ormarterna i världen. Efter att burmesiska pytonormar i större mängd rymt från fångenskap har arten etablerat sig i Florida. Den burmesiska pytonormen påträffas oftast i eller nära vattendrag.

Vattenmockasinen kan i sin tur bli föda åt otaliga djur. Bland reptilerna som äter vattenmockasin hittar vi snappsköldpaddor, alligatorer och andra ormar. Förutom kannibalism så äter även kungssnokar och ”black racers” vattenmockasinen. Bland rovfåglar är det främst hornugglor, örnar, falkar, hökar, hägrar och tranor som mockasinen behöver akta sig för.

Foto: Dr. Edward J. Wozniak. Bild tagen I Tarrant County (Arlington) Texas. Yngre vattenmockasin som fortfarande har kvar det juvenila, lite skarpare mönstret.

Foto: Frederick S Boyce. Bild tagen kustnära i North Carolina.

På föregående sidas nedre bild ser du två honor och en veckogammal unge som har hunnit ömsa för första gången. Som du ser på bilden så ska snart den högra honan ömsa.

Som jag skrivit tidigare så föder arten levande ungar, precis som nästan alla huggormar. De nyfödda ormarna stannar hos honan i minst en vecka, vanligtvis fram till första ömsningen. Honorna häckar ofta gemensamt i par eller trio. Vanligtvis föder de i en väl skyddad hålighet nära vatten där de delar på arbetet att vaka över sina gemensamma yngel under den sårbara första veckan. Även om de inte förser sina nyfödda med mat är de extremt vaksamma och erbjuder skydd mot rovdjur, särskilt mot andra ormar. Det finns även dokumenterade fall där avkomman stannat längre hos modern.

Foto: Kris Boldizar. Vattenmockasin som nästan helt växlat över till svart.

9. Personggalleri

I detta kapitel presenteras ett litet urval intressanta människor inom den värld som boken försöker att berätta om. Jag har säkert missat flera som borde varit med i boken, se kapitlet som ett axplock. Vissa personer som fått en del i boken har varit betydande för det trosutövande som denna bok delvis handlar om, andra har fått utrymme av det enkla skälet att jag ser människan eller människoödet som intressant. En del personer inom denna värld har tagit en aktiv del inom media. Man medverkar i program på National Geographic eller hos andra produktionsbolag, man syns på Youtube och på sociala medier. Att få kontakt med personerna är inte helt lätt, man hittar mycket som är skrivet om dem, men de undviker gärna mina försök till att få igång en dialog. Överlag så undviker de flesta numera uppmärksamhet då ormhanteringen inte är helt laglig och tidigare uppmärksamhet oftast har varit negativ och dömande. Utövare har idiotförklarats eller åtalats, ormar konfiskerats och avlivats.

Utövarna hävdar att deras konstitutionella rättigheter kränks när lag och stat försöker hindra församlingarna att använda ormar under gudstjänst. Frågan har aldrig provats i högre instans, de finns de som tror att utövarna kan få rätt i frågan. Människans rätt att i religionens namn få utsätta ormar plockade i naturen för den stress en gudstjänst innebär kan gå före djurens välbefinnande. I Sverige är våra ormar i naturen fridlysta, även utan fridlysningen hade detta aldrig kunnat ske i vårt land.

James Miller

Enligt många källor har bokens fenomen George Went Hensley som inspiratör och pionjär. James Miller är samtida men har inte av eftervärlden tillskrivits samma inflytande. Religiösa ormhanterare i Alabama och Georgia säger sig ha ett arv efter både James och George. James var en predikant som självständigt började utövningen 1912 i Sand Mountain, Alabama. Under hans inflytande spred sig rörelsen vidare till Georgia på 1920-talet. Church of God with Signs Following drivs av anhängare till Millers lära.

Foto: Pixabay. Alligator i Alabamas träskmarker.

Familjen Coots

Mark 16:18: 'They will pick up serpents, and if they drink any deadly poison, it will not hurt them.'

- *"Keep on playin´! I´m not worried at all, don´t worry! God´s a healer! I said Gods a healer! Amen!"*

Orden kommer från Cody Coots. De skriks ut i en mikrofon, samtidigt som församlingen högljutt talar i tungor. Det lilla bandet bestående av elgitarr, bas och trummar har tystnat trots pastorns önskemål.

Den ljusblåa skjortan är full av blod. Cody Coots fortsätter sin predikan, men mår hastigt sämre och sämre. Blod rinner från hans högra öra som nyss blev perforerat av en skogsskallerorms gifttänder. Skallerormar har ett gift som bland annat orsakar blödningar och stör blodets förmåga att koagulera, det blöder långt mycket mer än vad det brukar göra från så pass små sår. Ormen är en av flera som ingår i hans predikan, den svingas och hålls upp inför församlingen samtidigt som Cody dansar rastlöst och i en mikrofon högljutt skanderar ut sitt budskap till församlingen. Cody hade den fullvuxna skogsskallerormen runt halsen när ormens huvud kommer fram över axeln och biter honom i örat. Han såg aldrig bettet komma, hans fokus var på den predikan han ville få ut till sina församlingsmedlemmar.

Till sist måste han avbryta sin predikan och han hjälps ut ur den lilla lokalen av två församlingsmedlemmar. Bakom honom går flera församlingsmedlemmar och talar i tungor eller ber högljutt. Cody mår dåligt, har svårt för att få luft och uppstötningarna har börjat komma. Skjortan är blöt av svett och blod. Cody ber sin församling att ta honom till bergstoppen där Gud ska avgöra om han ska leva eller dö. Han får skjuts i en församlingsmedlems bil, men tas till sjukhus istället.

Det låter nästan som om jag försöker skriva en thriller, men jag beskriver en verklig händelse som råkade fastna på film. Cody Coots gudstjänst och just denna dag filmades, som en del av kortdokumentären "My Life Inside: The Snake Church". När jag skriver denna text finns dokumentären att hitta på Youtube, jag hoppas att den finns kvar när du läser detta. Det faktum att allt fastnade på film har nog gjort detta giftormsbett från augusti 2018 till ett av de mest kända, det rika bildmaterialet gav nyheten vingar. Ormbett är inte helt ovanliga i dessa sammanhang, men oftast blir det inte en nyhet som sprider sig internationellt eller ens ges större utrymme på det nationella planet.

Om församlingsmedlemmen gick emot sin pastors önskemål eller om Cody faktiskt fick kalla fötter kan vi bara spekulera i. Det visar sig på sjukhuset att Cody har haft tur. Den ena gifttanden var nära att perforera en artär i tinningen, vilket nästan säkert hade gett en dödlig utgång. Här kunde historien om Cody Coots ha slutat, men han har tur och överlever. Han kan fortsätta predika inför sin församling. Med ormarna, som är hans och som han har hand om mellan gudstjänsterna.

Även sjukhusvistelsen är väldokumenterad, inspelningen av dokumentären fortsatte.

Från sjukhussängen berättar Cody att han inte kommer att sluta hantera ormar.

-"Dessa ormar är en del av Bibeln, och det går före allt. Men om du inte har uppfostrats i det kommer du att se det som att de där människorna är galna. Jag har sett många människor bli bitna, jag har sett dem lida, jag har sett dem komma nära döden. Men jag tror att om du blir biten och du måste lida, att det var något fel, att du inte rörde dig när Gud sa åt dig att göra det, då gick du emot vad Gud sa, det tror jag."

Även sjukhuspersonal intervjuas. Radwa Martin beskriver händelsen i korta ordalag.
-*"När Cody först kom till akuten var det svårt för honom att kommunicera. Ormen bet nära artären i tinningen, så han har tur att han inte blödde ihjäl innan han kom till sjukhuset. Efter att akutläkare säkrade en luftväg för Cody, flögs han till University of Tennessee sjukhus där han fick livsuppehållande vård ett bra tag, de visste inte om han skulle klara sig."*

En skogsskallerorm höll på att avsluta Cody Coots liv, men han överlever och kan fortsätta sina gudstjänster. Fyra år tidigare blev hans far Jamie Coots biten av en skogsskallerorm under gudstjänst, men överlevde inte. Kyrkan gick därefter i arv till Cody som nu är pastor i fjärde generationen. Cody ärvde t om skogsskallerormen som dödat hans far och använde denna under gudstjänst. Familjens tro har inte rubbats av händelserna. Codys mamma, Linda Coots, uttalade sig efter sonens bett:
-*"Vi är en normal familj, vi älskar varandra som normala familjer älskar varandra. Om en orm biter dig men du inte blir skadad, skulle det inte vara ett tecken för de som saknar tro."*

Den som tagit störst plats utanför de ormhanterande kyrkorna är tveklöst Jamie Coots, Lindas man och far till Cody. Pastorskapet har gått i arv i familjen, Jamie var tredje generationen.
Jamie Coots började troligtvis hantera giftiga ormar i 20-årsåldern. I intervjuer uppgav han inte alltid samma ålder, men det handlade alltid om 20 år eller något enstaka år äldre. Enligt Jamie måste de troende vänta med att plocka upp giftormar tills gud säger att det är dags. I en intervju hävdade Jamie att han avgett ett löfte till gud att han aldrig skulle åka till sjukhus om han blev biten. Löftet höll han livet ut.

-"Jag tror att när det är min tid att gå så finns det ingen läkare i den här världen som kan hålla mig här."
Hans status som ormhanterande pastor innebar att han, förutom att hålla gudstjänster för sin egen församling, reste runt till andra kyrkor. Medan han var pastor för "Full Gospel Tabernacle i Jesu namn" ökade Coots antalet ormar som användes under gudstjänst. Andelen allvarliga bett hos församlingsmedlemmar under gudstjänst ökade i samma omfattning.
Jamie Coots blev själv biten av giftormar åtta eller nio gånger innan hans fick sitt dödliga ormbett. Uppgifterna varierar och eftersom Jamie aldrig sökte vård är det svårt att veta det exakta antalet. Ett skallerormsbett i vänster arm 1993 hade, enligt honom själv, nästan dödlig utgång. 1998 blev han pga. vävnadsdöd av med halva långfingret på högerhanden efter ett annat bett.

Coots fick 2008 böter för att ha haft 74 giftormar i sitt hem. Därefter skaffade han de tillstånd som delstaten krävde för att privatpersoner ska få ha giftiga ormar hemma.
Han dömdes till ett års skyddstillsyn 2013 för illegalt innehav av vilda djur efter att ha rest in i Tennessee med tre skogsskallerormar och två kopparhuvud. Ormarna hade han köpt i Alabama för att använda under predikan. De transporterades i bilen i låsta trälådor. Han hade stoppats för en mindre trafikförseelse och polisen lade märke till lådorna. Hans körkort och bilnycklar beslagtogs i väntan på att representant från Tennessee Wildlife Resources (TWRA) skulle komma. När denna anlände beslagtogs ormarna på plats. Jamie bestred brott och krävde även att få tillbaka de beslagtagna ormarna och trälådorna.

I rätten krävde åklagaren att Jamie omedelbart skulle erkänna sig skyldig till samtliga anklagelser. I annat fall skulle hans ormar och sakramentala trälådor betraktas som smuggelgods och omedelbart förstöras av TWRA. Detta gjorde honom upprörd och när åklagaren såg hans reaktion erbjöd hon sig att lägga ner alla anklagelser mot de medåtalade och lämna tillbaka lådorna om han erkände sig skyldig till den första anklagelsen om olaglig besittning av vilda djur. Ormarna skulle dock fortfarande vara förverkade. Jamie accepterade åklagarens erbjudande och erkände sig skyldig.

Jamie var vid den här tiden ett känt namn. Han publicerade senare samma år en artikel i Wall Street Journal där han krävde att giftormshanteringen skulle skyddas av den amerikanska konstitutionens text om religionsfrihet.
Jamie väckte nationell uppmärksamhet redan i mitten av 1990-talet, när han och hans vän, John Wayne "Punkin" Brown, medverkade i den bästsäljande boken "Salvation on Sand Mountain", som profilerade ormhanterare. Brown dog 1998 av ett ormbett. Coots bar ofta med sig en av sin väns ormboxar under gudstjänsterna.
Jamie spelade huvudrollen i National Geographic-showen "Snake Salvation", som profilerade de få ormhanterande predikanterna i Appalachia. Serien gjordes i 16 avsnitt 2013 och gjorde Jamie till ett känt ansikte. Han har även medverkat i många dokumentärer och TV-shower som ville berätta om hans kyrka på landsbygden i Middlesboro.

En lördagkväll i februari 2014 var det Jamies tur. En församlingsmedlem återberättar:
-"Han hade en av skallerormarna i handen, han kom fram och han stod bredvid mig. Alla kunde se det, den vände bara på huvudet och bet honom i baksidan av höger hand... det gick på en sekund."

Efter bettet tappade Jamie ormarna han höll, men plockade sedan upp dem igen och fortsatte predika. Inom några minuter avbröt han dock predikan och gick till toaletten.

När ambulans kom till kyrkan vid 20:30-tiden fick de höra att han hade åkt hem, sade Middlesboro Police Department i ett uttalande. Jamie blev kontaktad i sitt hem men vägrade ta emot medicinsk behandling. Räddningspersonalen lämnade hans hem vid 21:10-tiden. När de kom tillbaka ungefär en timme senare var Coots död.

Den ormhanterande pastorns son, Cody Coots, berättade för tv-stationen att hans pappa hade blivit biten åtta gånger tidigare, men aldrig haft en så allvarlig reaktion. Sonen sa att han hade trott att bettet skulle bli precis som alla tidigare bett.
-"Vi ska åka hem, han ska lägga sig på soffan, han kommer att få ont, han ska be ett tag och han kommer att bli bättre. Det är vad som händer varje gång, förutom att det den här gången gick så snabbt och det var galet, det var verkligen galet."

Jamie Coots blev 42 år gammal, hans fru och son praktiserar fortfarande ormhanteringen.

Familjen Brown

En 28-årig kvinna i Jamie Coots församling, vid namn Melinda Brown, blev biten i armen av en skogsskallerorm 1995 under en gudstjänst som Coots ledde. Hon dog två dagar senare i hans hem, av sviterna från bettet. Fembarnsmammans släktingar bestred uttalanden om att hon själv hade hållit i skogsskallerormen som bet henne och de bestred även påståenden om att hon hade vägrat ta emot medicinsk behandling. Coots åtalades i samband med Melindas dödsfall men en domare beslutade att inte driva fallet.

Melindas man hette John Wayne ”Punkin” Brown och brukade följa med Jamie på de turnéer han gjorde till andra församlingar. Enligt honom själv hade ”Punkin” överlevt 22 giftormsbett.
John Wayne ”Punkin” Brown fick ensam vårdnad om de fem barnen. Men vårdnaden hade beviljats på två villkor – att han skulle gå med på att inte ha giftiga ormar i sitt hus och att barnen inte skulle få delta i ormhanteringsgudstjänster. Han trotsade dessa order och trodde uppriktigt att han gjorde Guds vilja, även om barnen var kända för att vakna och skrika av skrämmande mardrömmar om ormar. Evangelisten "Punkin" Brown följde i sin frus fotspår under en predikan i Alabama 1998.
-*"De säger att den inte kommer att bita!"* vrålade Brown när skogsskallerormen vred sig i hans grepp.
-*"Om den inte biter, är det ingen mening att vara rädd!"*
-*"Herren sa till mig att det var okej!"*
-*"Herren sa att det skulle gå bra!”*
Därefter, när predikanten hoppade på scenen, hände det som hänt många andra. Skallerormen bet ”Punkin”, i vänster långfinger. Han fortsatte som om ingenting hade hänt och församlingen förstod först inte att han hade blivit biten.

-*"Gud är fortfarande Gud, oavsett vad som kommer."* sade "Punkin" med en röst som tappat all kraft. En kvinna i församlingen skrek och andra medlemmar torkade oroligt den döende predikantens panna.
-*"Oavsett vad mer, Gud är fortfarande Gud."* blev enligt vittnen hans sista ord.
Tio minuter senare var han död och hans fem barn hade blivit föräldralösa. De fem barnen blev därefter brickor i en vårdnadstvist mellan sina mor- och farföräldrar. I domstolen ställdes religiös tradition mot lagar om barnavård, tro ställdes mot vetenskap.
Deras mormor ville hålla dem så långt borta från ormar som möjligt då hon själv lämnat den religiösa ormhanteringen bakom sig, deras farföräldrar drev en egen ormhanteringskyrka. Vårdnaden tillföll barnens mormor och barnen slapp en framtid med de ormar som de var rädda för och hade mardrömmar om. "Punkin" hade själv tidigare berättat i en intervju att äldsta sonen var livrädd för ormar efter att ha bevittnat bettet som dödande hans mor.
-*"Jonathan är livrädd för ormar!"* berättade han, men tillade att han hade gjort vad han kunde för att förbereda barnen.
-*"Barnen visste vad de kunde förvänta sig om Herren inte ingrep."* sa han vidare under intervjun.
-*"Jag berättade för barnen att Melinda hade dött, och de har inte sagt något till mig som tyder på att de höll mig ansvarig för hennes död."*
1995, när barnens mor blev biten och dog, var Jonathan nio år gammal. Han var äldst i barnaskaran och inget av barnen var i tillräcklig ålder för den sortens resonemang.
Enligt mig är samtliga tre citat från intervjun exempel på uttalanden av en religiös fanatiker. Intervjun gjordes av författaren till boken "Faith, Serpents and Fire: Images of Kentucky Holiness Believers".

Glenn Summerford

Blir inte Glenn frigiven tidigare så sitter han i fängelse till år 2121, eller i alla fall fram till sin egen död.
1992 dömdes ormhanteraren och pingstpastorn Glenn Summerford för mordförsöket på sin fru, Darlene Summerford, till 99 års fängelse. För er som nyss räknade på fingrarna kan jag lägga till de 30 år som Glenn fick i ytterligare straff efter en rymning som inte blev särskilt långvarig.
Den 4 oktober 1991 rapporterades ett våldsbrott i den sömniga staden Scottsboro, Alabama. En ambulans tillkallades till ett fallfärdigt hus i utkanten av staden. Föraren av ambulansen var ombedd att stänga av strålkastarna och tyst närma sig bostaden. Darlene Summerford väntade på dem ute på uppfarten. Hon höll om en blödande handled. Huden som omgav såret hade redan börjat svartna, handen hade börjat att förstöras av vävnadsdöd.
Enligt hennes vittnesmål hade Glenn varit full, svartsjuk och aggressiv när han tog henne i håret och drog henne till ett skjul på baksidan av tomten. I skjulet förvarade Glenn ungefär femton giftormar som han brukade använda under sina predikningar.
Under pistolhot tvingade han in hennes hand i en låda med skallerormar. Planen var att hon skulle dö av ett bett och att han därigenom skulle vara oskyldig till hennes död.
Darlene vittnade om att han ville gifta sig med en annan kvinna, så enligt henne ansåg han att det var enklast för honom om hon dog först.
-"Han tog ett järnrör och slog hårt i lådorna, så att ormarna blev riktigt arga, och tog mig sedan i håret och sa att han skulle trycka in mitt ansikte i lådan om jag inte stoppade in handen frivilligt." sa hon i rätten.
- "Han sa att jag var tvungen att dö för att han ville gifta sig med en annan kvinna."

Darlene fick två bett i handen. Glenn vägrade låta henne uppsöka vård. Hon lyckades till sist ringa 911 och få en ambulans till att i tysthet hämta henne innan det var för sent. Darlene fördes till det lokala sjukhuset och fick sedan skynda vidare till ett annat sjukhus som hade serum.
När hon återhämtade sig pekade Darlene ut sin man som skyldig till det som hänt. Den kusliga historien och den efterföljande rättegången fick stor uppmärksamhet i media. Glenn Summerford dömdes för mordförsök. Två tidigare grova brott och ett långt brottsregister gav nästan en dödsdom till den vanärade pastorn som levt ett liv kantat av våld, spritproblem och klammeri med rättvisan innan han fann gud.

Händelsen och Glenns stormiga liv skildras i HBO:s dokumentär ”Alabama Snake” som hade premiär 2020. Enligt mig en rätt sevärd film, inte lika sensationslysten och dramatisk som många amerikanska dokumentärer om mördare eller giftormar kan vara. Alabama Snake blandar gamla VHS-filmer av deras gudstjänster, polisvideor av deras hem och intervjuer med familjen och folk i deras närhet. Filmen understryker den fallfärdiga naturen i Glenns och Darlenes liv tillsammans och den oslagbara eld-svavel-och-sprit-miljön som de kallade sin egen. Filmen skildrar Glenns liv, från tidiga och fram förbi mordförsöket på Darlene. Det är ingen vacker skildring. Vi får bilden av en hemsk människa, som levt ett hemskt liv i en inte alltför tilltalande miljö. Se filmen!
Filmen är inte den första som Glenn och Darlene medverkar i. Redan 1991 var de med i filmen ”In Jesus name” som är en dokumentär om en ormhanterande pastor som blivit arresterad och filmen skildrar det rättsliga efterspelet.

Inte bara Darlene, utan även Glenns första fru Doris medverkar i dokumentären.
-*"Jag älskade honom men ibland var jag rädd för honom. Rädsla och kärlek, de gick tillsammans."* säger Doris i "Alabama Snake". Hon minns hur Glenn nästan mördade en man under ett organiserat slagsmål om pengar.
-*"Jag slog hans ögon helt ut ur huvudet, jag slog honom i sidan av huvudet och hans ögonglob kom ut ur näsan."* berättade Glenn själv på en bandinspelning inför filmen.
Som vedergällning sattes Glenns hus i brand och branden dödade hans yngsta dotter.
-*"Han var inte sig lik efter det".* berättade Doris.

Glenn lärde sig i ung ålder att slåss, hans styvfar lärde honom. Han visade sig ha talang för våld, om man kan uttala sig så. Glenn växte upp och blev en ung man vars smak för alkohol gick hand i hand med hans förkärlek för våld. Efter att ha funnit gud fanns spriten och aggressionen kvar i Glenn Summerfords liv.

Anklagelsen om mordförsök på Darlene skakade den radikala kristna gemenskapen. Vad som följde var en sensationell och spritmättad berättelse om äktenskapsbrott, religion och mordförsök med skallerorm som fortsätter att förfölja södra Appalachia nästan tre decennier senare. Glenn hävdade att hon varit otrogen med en annan predikant och att det var hans anledning till att ta henne till ormarna (och därigenom närmre gud). Ett vittne för försvaret berättade för jurymedlemmarna att Darlene Summerford sagt till henne att "hon fick Glenn så full att han svimmade och att hon gick ut till skjulet för att hämta en orm att lägga på honom men att den bet henne istället". Vid tiden för domen hävdade hans församling att han var oskyldig. I deras ögon hade hans fru varit ond och ormen hade goda skäl till att attackera henne.

Hela rättegången skildras i den fackliterära boken "Salvation on Sand Mountain", skriven 1995 av Dennis Covington. Handlingen följer författaren när han går från att täcka rättegången mot Glenn Summerford till att uppleva en ormhanteringskyrka i Appalachia.
2004 kom boken" The Serpent And The Spirit: Glenn Summerford´s Story". I denna bok berättas historien om Glenns uppgång och fall genom intervjuer, domstolsdokument och andra källor. Fri från vare sig fördomar mot eller romantiserande kring ormhanterande religionsutövande presenterar boken en berättelse om en fascinerande grupp människor, samtidigt som den låter läsaren dra sina egna slutsatser om Glenns skuld eller oskuld.

De extra 30 åren som vi räknade fram på fingrarna? 2003, vid 58 års ålder, flydde Glenn Summerford från fängelset. 45 minuter senare fångades han och fördes tillbaka till fängelset. Han sitter fängslad på Bullock County Correctional Facility i Alabama. Det kan kanske ses som en dålig affär att byta 45 minuter i frihet mot 30 år i fängelse, men för Glenn kan det kvitta. Han närmar sig 80 år och lär inte ens överleva sitt straff på 99 år för mordförsöket.

Foto: Pixabay.

Andrew Hamblin

Andrew Hamblin var 17 år när han först upptäckte den något ovanliga kristna praxisen att hantera giftormar under gudstjänst. Han växte upp hos sina farföräldrar i Free Will Baptist Church i Tennessee och var bekant med några av de mer demonstrativa evangeliststilarna inom kristen tro. I hans kyrka skrek, dansade och talade församlingsmedlemmarna i tungor – men pastorerna höll aldrig giftormar bakom predikstolen. När han besökte Jamie Coots kyrka under en väckelse i augusti och såg pingstpastorn hålla två skallerormar under gudstjänsten, hålla upp dem i luften och stå ansikte mot ansikte med en livsfarlig skogsskallerorm, blev Hamblin fascinerad. Kort efter denna upplevelsen gick Hamblin med i Coots kyrka. Det skulle ta månader innan Hamblin ens tänkte på att själv hantera giftormar, men när gud kallade var det dags. Inom några år prästvigdes Hamblin (online), etablerade sin egen församling vid Tabernacle Church of God i LaFollette, Tennessee, och började hantera skogsskallerormar, kopparhuvuden och vattenmockasiner inför sin församling.

Hamblin har, som så många andra inom hans yrke, blivit biten flera gånger. Vid åtminstone ett tillfälle vägrade han läkarvård efter ett giftigt bett. Hamblin är fortfarande aktiv med sin ormhantering, jag hittade honom på Facebook där han öppet delar med sig av bilder på sig själv och ormarna vid predikstolen. Jag har försökt att få kontakt med honom, men han har inte svarat. Hamblin har i alla år varit en flitig användare av sociala medier, för att nå följare och få uppmärksamhet och kändisskap. Idag är det få som söker uppmärksamhet likt flera pastorer gjorde fram till för knappt tio år sedan, Hamblin är ett undantag.

Andrew Hamblin medverkade i dokusåpan 'Snake Salvation' på National Geographic Channel tillsammans med sin mentor, Jamie Coots. 2013 när serien spelades in var Andrew 21 år och även om det var Jamie som var den stora stjärnan blev även Andrew ett namn.

I november samma år som serien spelades in fick Andrew 53 skallerormar och kopparhuvuden beslagtagna av Tennessee Wildlife Resources Agency. Hamblin sade upprepade gånger att han hellre satt i fängelse än gav upp ormhanteringen under gudstjänst. Staten förbjuder privatpersoner att äga giftormar, Hamblin hävdade att förbudet kränker församlingarnas religionsfrihet. Hans försvar var enkelt. Ormarna var inte hans, sa han. De tillhörde kyrkan, och Hamblin sa att statens tjänstemän inte hade i uppdrag att plundra en kyrka. Församlingen drev en massiv kampanj med målet att fria Andrew. Namnunderskrifter samlades in, sociala medier användes flitigt för att skapa opinion för deras sak. Han var överlycklig över juryns beslut när det kom, han fick inget straff.

De beslagtagna ormarna fördes till Knoxville zoo, de flesta var i dåligt skick och ungefär hälften dog inom kort efter beslaget. 36 timmar efter att ha fått samtliga ormar beslagtagna stod Andrew återigen och predikade, med skallerormar och kopparhuvuden. Andrew hade lovat sin församling att han kunde få tag på nya ormar och han höll vad han lovade. Klammeriet med rättvisan och Jamie Coots dödsfall gjorde att planerna på en andra säsong av tv-serien inte blev verklighet.

Efter Jamies dödsfall ändrade Andrew sitt sätt att hålla gudstjänst. Han erbjuder inte längre andra möjligheten att hålla en giftorm. I en intervju säger Andrew att han är herden och ansvarig för vad som händer i byggnaden, som svar på varför han har förändrat sina gudstjänster.

2014 vräktes Hamblin och hans följare från sin kyrka på grund av deras förkärlek för att hantera giftiga ormar. Clyde Daugherty, som byggt kyrkan, hyrde ut byggnaden till Andrew Hamblin för bara 267 dollar i månaden men blev så småningom trött på alla ormar som slingrade omkring och ibland bet församlingsmedlemmar eller pastorer.

-*"Alltför många människor blev skadade och dog, och det är ett bevisat faktum."* sa Daugherty

-*"Han var för fokuserad på fel saker, som uppmärksamhet från media och tv-programmet, istället för Guds ord."* fortsatte fastighetsägaren när han blev intervjuad angående vräkningen av Hamblin och hans församling.

2015 arresterades Andrew Hamblin. Han anmäldes av sin före detta fru, de hade skiljt sig efter att Andrew haft en otrohetsaffär. De hade varit ett par sedan tidiga tonåren och hade fem barn tillsammans, trots att de fortfarande var unga.

Elizabeth Hamblin berättade för polisen att när hon lämnade en park med fyra av sina barn och en man vid namn Jeremy Henegar kom Andrew Hamblin upp bakom dem och riktade en pistol mot dem från sitt fordon. Elizabeth, Jeremy och barnen lämnade platsen och körde hemåt, förföljda av Andrew. Elizabeth Hamblin sade i förhör att när hon kom hem stannade Andrew bilen framför deras hus, viftade med pistol och avlossade ett skott i luften. Hon hävdade att han sedan riktade pistolen mot Jeremy Henegar och sköt ett andra skott. Kulan missade Jeremy och gick genom husväggen in i bostaden. Enligt utredande polis befann sig Andrews och Elizabeths gemensamma spädbarn i huset när skotten avfyrades. Utredarna hittade kulan inne i bostaden, men ingen kom till skada.

Andrew är inte helt okontroversiell i sina egna kretsar. Det ses inte överallt med blida ögon att han söker omvärldens uppmärksamhet. Många minns att Hamblin tidigare brutit ett stort tabu genom att tillåta att hans gudstjänster filmades. Dokusåpan retade många religiösa giftormshanterare som var mera "old-school", som kände att programmet kommersialiserade deras övertygelse. De predikade mot programmet och har sedan dess förbjudit all form av filmning inom sina kyrkor. Kritikernas åsikt är att Andrew Hamblin (och för den delen Jamie Coots när han levde) predikade i tre timmar och hanterade ormar i fem minuter och det enda som sändes var hanteringen av giftormarna. Serien gav helt enkelt en skev bild av deras tro och deras gudstjänster. De klagade även på att reality-stjärnorna, i sin hunger efter drama, inte längre väntade på "guds smörjelse" – ett erkännande av den Helige Andes närvaro – innan de sprang till sina ormlådor

Andrew är dock fortfarande ett stort namn i sin värld. Han är bra på att höras och synas och använder gärna sig av sociala medier som Facebook och Youtube. "Det spelar ingen roll vem du är, det spelar ingen roll var du har varit, det spelar ingen roll vad du har gjort, Jesus kallar!" meddelade han på Facebook när han öppnade sin nya kyrka hösten 2019. Det var fullsatt redan första kvällen. Ibland undrar jag om det är delvis detta bokens fenomen handlar om. Uppmärksamhet. Förr fick du det i kyrkan när du visade att du vågade stirra döden i vitögat, idag når du även vidare ut i tv och på sociala medier. Alla vill ha "likes"!

Foto: Pixabay

Kapitlets persongalleri bjuder onekligen på en bunt färgstarka karaktärer. Det är säkerligen så att det finns pastorer som är mera alldagliga och inte hade gett läsaren samma bild av vad det egentligen är för figurer som håller i predikningarna i dessa kyrkor. Jag har ändå valt dessa, av två anledningar. Dels är det framträdande personer som själva valt att synas utanför den egna sfären, dels är det personer som genom sitt agerande blivit (ö)kända långt utanför Appalachia. Min grundtanke var inte att visa läsaren att det enbart är en massa missbrukande våldsverkare och dårar som lever halvt utanför lagen som håller i skallerormar under predikan. Min tanke var att lyfta fram några spännande karaktärer som antingen själva sökt rampljuset eller hamnat i rampljuset på grund av sitt agerande. De är fanatiker i mina ögon, det de gör i sina kyrkor är galet och farligt enligt mig. Men det finns säkert andra pastorer som i vardagen passar bättre in i samhället än vad några av de du nyss läst om gör. Jag har kontaktat några av dem och berättat om min bok, med frågan om de ställer upp på en intervju. De flesta ignorerade mig, en svarade. Jag hade antagligen gjort likadant, ignorerat den okända människan från andra sidan Atlanten som kommer med nyfikna frågor. Även om de själva inte ser något fel i sitt religionsutövande är de naturligtvis fullt medvetna om omvärlden syn. De flesta är nog övertygade om att det inte finns något gott att hämta ur att ställa upp på en intervju. Många sökte rampljuset för ungefär tio år sedan och längre bak i tiden. Familjen Coots och några till fick t om egna reality-serier som fick hyfsat stort genomslag. I efterhand märkte de säkert att det i långa loppet inte fanns något gott att hämta ur "kändisskapet", det blev en baksmälla när man märkte att omvärldens syn på dessa reality-stjärnor inte var så positiv som man trott. Detta kombinerat med lagstiftning som begränsar möjligheten att använda ormar i kyrkan och en omvärld som mer och mer intresserar sig för djurs välbefinnande har gjort att dagens ormhantering inom kyrkans värld ofta sker i skymundan.

10. Verlin Short

Verlin är rätt aktiv på nätet. Via sin grupp på Facebook " Snake Man of Appalachia's page" sprider han guds ord, tänkvärdheter, bibelcitat och liknande. På Facebook har han nästan 5000 vänner, kallas sig "The Snakeman" och lägger även upp någon bild på en giftorm ibland. Av giftormshantering syns ingenting, i alla fall inte om man inte är vän med honom på Facebook. Jag har lyckats få kontakt med honom fastän han inte ville att vi skulle vara vänner på nätet. Av de som jag försökt få kontakt med för att ställa nyfikna frågor är han den enda som svarat. De andra har ignorerat mig. I skrivande stund vet jag fortfarande inte om det blir någon intervju. Jag har fått hans telefonnummer och tanken är att jag ska ringa för att ställa drygt ett tjugotal frågor med förhoppning på följdfrågor. Han skrev att det var osäkert om han tänkte svara eller ej när jag ringde. Beskedet jag fick var att jag gärna fick ringa och att han skulle rådfråga gud innan han tog beslutet om han skulle svara eller ej. Förhoppningsvis får jag avsluta texten om Verlin med hans egen berättelse om varför han hanterar giftormar.

Namnet "Snake Man of Appalachia" har Verlin hämtat från den reality-serie på sex avsnitt som han medverkade i 2010, giftormshanterande pastorer var verkligen glödhett i dokusåpavärlden för tio år sedan. Serien visades på Animal Planet 2012, men det blev aldrig en andra säsong. I programmet får man inblick i familjens liv och vardag, man får se när Verlin fångar skogsskallerormar och kopparhuvuden i naturen och när han använder dessa under gudstjänst. Familjen med fyra barn ser ut att leva under vad man kan tycka är en normal standard, samtidigt vet man aldrig hur mycket som är dramatiserat och överdrivet för att det ska bli bra tv. När serien spelades in var Verlin arbetslös före detta kolgruvearbetare och man blir nog inte rik på att ha en liten församling i Appalachia. Precis som Cody Coots så har Verlin en fru som inte riktigt delar tron på att det är guds vilja att man ska riskera hälsan i kyrkan.

Pilotavsnittet spelades in våren 2010, Animal Planet beställde ytterligare fem avsnitt och filmteamet på sju personer kom tillbaka till Letcher County hösten 2010 för att spela in resterande avsnitt.

Showen tog också upp frågan om att Verlin vill utöva giftormshantering lagligt. Under loppet av de sex avsnitten pågår Verlins arbete med att skaffa tillstånd för att samla in fler ormar och att lagligt kunna transportera dessa. Att det inte var helt laglig verksamhet hade Verlin tidigare fått erfara. I juni 2008 anklagade Kentucky Department of Fish and Wildlife honom på 78 punkter för att olagligt ha köpt, sålt och innehaft giftiga ormar. I oktober samma år tillkom ytterligare 51 punkter. Short erkände sig skyldig till sju fall av olagligt köp, försäljning och transport av reptiler. Han bötfälldes med 100 dollar för vart och ett av fallen, men slapp fängelsevistelse.

I början av oktober 2022 får jag kontakt med Verlin. Han svarar mig via Messenger att han ska rådfråga gud under bön, då han upplever att han mer än en gång tidigare blivit sviken och lurad när han ställt upp på intervju. Det går några veckor utan att jag hör av Verlin. I andra halvan av november månad hör jag av mig till honom igen. Jag gör vad jag kan för att övertyga honom om att jag är ute efter hans egen berättelse, det jag vill göra är att översätta hans berättelse. Jag vill inte ta bort något, ändra något eller lägga till något. Jag skickar mina frågor till honom så att han kan skriva istället för att ställa upp på telefonintervju. På det viset har han ju bättre möjlighet att fila på sina svar, att svara på volley är inte alltid lätt och när någon antecknar samtidigt finns alltid risken att fel smyger sig in i texten. Jag erbjuder mig att lägga in texten med mina frågor och hans svar på engelska i boken och, när väl boken är tryckt, fotografera de aktuella sidorna och skicka bilder till honom. Jag har vunnit Verlins förtroende, han är med på att mitt intresse ligger hos ormarna och den sanna berättelsen om deras trosutövande. Han har köpt att jag inte är ute efter att servera en historia som är snaskigare än sanningen. Jag vill helt enkelt få med en "ormpastors" egna berättelse. Det är däremot när jag skriver denna text fortfarande oklart om han ställer upp på en intervju. Thanksgiving 2022 får jag svaret att han fortfarande väntar på guds svar angående en eventuell intervju, tillsammans med hans tankar kring ormar:

,,,the snakes and as of all his wild life what god made them to be and for god made and placed everything up on this earth to do what he intended for them to do as he made man in his likeness that so those who do not choose to serve him could see god is mana fest in us like wise every thing he made he made it perfect and was pleased with it ,,,

Översatt till svenska:

Ormarna, precis som alla hans vilda djur är vad gud gjorde dem till att bli. För Gud skapade och placerade allt på denna jord för att dessa ska göra vad han hade för avsikt att de skulle göra. Precis som han gjorde människan till sin avbild, så att de som inte tjänar gud kan se att gud är manifesterad i oss, likaså att varje sak han gjorde, gjorde han perfekt och var nöjd med det.

Jag tolkar svaret kort och gott som att Verlin inte har åsikten att ormar är onda. Det är guds djur och de gör de gud hade för avsikt att de skulle göra. Jag är av samma åsikt, ormar är inte onda. Däremot hittar jag grunden till ormars levnadssätt i biologi och evolution, jag är helt enkelt inte troende.

Det går ytterligare ett par dagar, "radiotystnad" råder. Jag börjar bli lite otålig. Boken är klar så när som på den eventuella intervjun. Ska inte intervjun bli av kan jag lika gärna skicka in materialet till tryck. Jag kontaktar honom igen, förklarar att jag börjar närma mig deadline då jag vill få ut boken innan jul. Det blir ett kort meddelande, fortsätter det att dra ut på tiden får jag inse att det nog inte kommer att bli någon intervju. Det är kväll i Sverige när jag skickar meddelandet, tidigare svar har jag fått mellan tre och fyra på morgonen svensk tid. Östra USA ligger sex timmar efter oss.

Den 1 december har jag ett meddelande från Verlin när jag vaknar. Han vill att jag ska ringa honom. Han har gått igenom frågorna jag skickade till honom, men vill prata med mig innan han skickar sina svar. Han, liksom många andra som delar hans sätt att utöva sin tro, har tidigare blivit brända. Han har ställt upp på intervju eller medverkat i tv och sedan i efterhand upptäckt att han, och de som delar hans tro, blir uthängda som dårar.

På kvällen ringer jag Verlin. Han frågar vilka som är tillfrågade om att medverka och vilka som ska vara med. Jag berättar att jag frågat flera av de som tidigare valt att synas i media, men att alla andra valt att ignorera svensken med nyfikna frågor. Han berättar att det numera är ovanligt att någon vill synas eller höras utanför kyrkans värld, nästan alla dörrar är numera stängda. Jag vinner Verlins förtroende och har ett fantastiskt intressant samtal på ungefär 50 minuter. Verlin visar sig vara en riktigt trevlig man! Vi pratar om förtroende, jag berättar att jag är intresserad av ormar och att jag dessutom har ett historieintresse. Jag får honom att lita på att mitt mål inte är att hänga ut eller svartmåla människor som tror på något jag inte tror på, mitt mål är att berätta en historia. Vi jämför tro och åsikter och bägge är av uppfattningen att man inte behöver vara överens för att komma överens. Jag respekterar hans tro och han respekterar min uppfattning om religion hans sätt att utöva sin tro. Vi pratar även om att just detta är rätt ovanligt i dagens samhälle, man respekterar inte de som är annorlunda eller tänker och tycker annorlunda än en själv. Jag får en stående inbjudan, jag är välkommen att hälsa på Verlin i hemmet och även få en inblick i hans trosutövande. Vi pratar mycket om ormar, Verlin berättar att han haft ett ormintresse hela livet. Första gången han fångade kopparhuvud i skogen var han tolv år gammal. Verlin är nyfiken på den svenska naturens utbud av ormar, han blir nog lite överraskad när jag berättar att vi har tre ormarter i Sverige varav en är giftig. Vi pratar om min samling och hans samling av giftormar. När jag berättar att jag har palmhuggormar börjar vi prata om Vietnamkriget. Verlin berättar om amerikanska soldater som dog av ormbett under kriget och han kallar palmhuggormarna för "two step snake". Jag och Verlin har inte riktigt samma syn på hur pass giftiga palmhuggormarna är. Namnet two step snake användes rätt flitigt om dessa ormar av amerikanska soldater under kriget i Sydostasien. Enligt myten hann man gå ungefär två steg efter ett bett, sen var livet över. Jag har även sett uppgifter på att kraiten kallades för just detta under kriget, som vanligt så är populärnamn förvirrande. Jag hinner inte berätta att jag påbörjat en tunnare bok om Trimeresurus albolabris och att även förhållandet mellan soldater och ormar under Vietnamkriget är med i boken, innan samtalet rullar vidare till att handla om annat.

Samtalet återgår till att handla om Verlins ormar som han har i hemmet. Han berättar att han har en skogsskallerorm och rätt många kopparhuvud hemma och att han i vardagen alltid använder ormkrok och fodertång när ormarna ska skötas och matas. Han hanterar bara giftorm med händerna när gud kallar, aldrig annars. Tidigare har han även haft giftormar som inte är inhemska och även använt dessa under gudstjänst. Detta förvånade mig! Jag skrev i början av boken att jag läst påståenden om att kobror och andra giftormar ibland använts under gudstjänst. Verlin bekräftar detta. Han har själv haft monokelkobra, pufform och palmhuggorm som han använt i religiöst syfte. Verlin berättar att ormarna som används under gudstjänst måste vara giftiga, men ormarnas ursprung är oviktigt. Oavsett varifrån ormarna kommer så är de guds djur.

En bit in i samtalet känner jag att det är dags att ställa frågan om ormbett. Vad är Verlins åsikt om pastorer som blivit bitna och dött? Har de haft en vacklande eller felaktig tro eftersom de inte blev räddade av gud? Jag nämner Jamie Coots som exempel. Verlin svarar att han inte har något ont att säga om Jamie eller om hans tro, detsamma gäller andra som har dött. Svaret blir en lite längre utläggning som kan sammanfattas med att gud kallade på dem, det var deras tur att komma. Han avslutar med att "god works in myserious ways" är en bra förklaring till dödsfallen.

Innan vi rundar av berättar Verlin om när han blev biten av en skogsskallerorm. Bettet fick han i benet och det skedde en bra bit ut i naturen. Vandringen tillbaka var lång och giftet hade börjat verka långt innan han kom fram till sin bil. Verlin hade närmre till sjukhuset än till hemmet, men valde att åka hem och lägga sitt öde i guds händer. Utgången var ett tag oviss, Verlin svävade ett tag mellan liv och död. Därefter börjar det bli dags att avsluta samtalet och Verlin säger att jag är välkommen att ringa igen. Han säger att han inom kort kommer att skicka svaren på mina frågor till mig, vi föredrar svar i skrift bägge två då det minimerar risken för missförstånd. Jag garanterar honom att jag inte kommer att lägga till, ändra eller ta bort något. När jag vaknar morgonen därpå har jag fått hans svar. Jag väljer att även ha med svaren på engelska, det känns mera autentiskt, man kommer närmre Verlin.

Foto nästa sida: Okänd. Bilder från Verlins privata samling, tyvärr fotografi av bilder vilket går ut över bildkvalitén. På tre av bilderna ser ni Verlin hantera skogsskallerormar under gudstjänst. På bilden i nedre vänstra hörnet hanterar han en Bitis arietans, en pufform. Den anses av många vara Afrikas farligaste orm, inte bara på grund av att den förmodligen är den vanligaste och den mest spridda giftormen, utan även för sin storlek och sitt starka gift. Verlin berättade om pufformen när vi pratades vid via telefon. Enligt Verlin så var ormen inte hans, utan någon som bodde i närheten höll den i terrarium. Ormens ägare frihanterade aldrig ormen, vilket för mig låter rimligt. Verlin hade pratat med ägaren till ormen och kände sig därefter kallad att åka dit och hantera ormen.

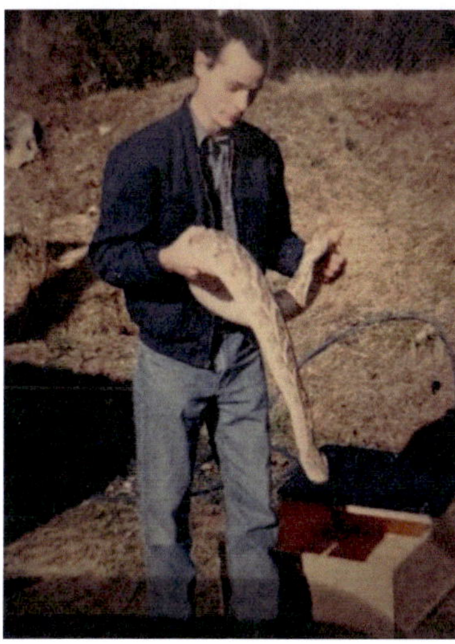

Verlin berättar i sitt skrivna svar att han är född in i detta trosutövande. Han är 51 år gammal och hans föräldrar fann tron 1972. Första gången han själv hanterade en orm under gudstjänst var han 13 år gammal, idag låter han ingen under 18 år hantera orm under gudstjänst. Jag frågar honom hur man börjar med den religiösa ormhanteringen och han berättar att man börjar med att leva för gud och ge gud hela sitt hjärta. Man ska vara villig att göra allt som gud låter en göra och om gud låter dig utföra något av de fem bibliska tecknen så gör du det. Det är, enligt Verlin, guds kraft som tillåter oss att göra dessa saker som ett tecken till icketroende. Han skriver vidare att oavsett om det är ormhantering, helande av sjuka, driva ut djävlar, dricka gift eller tala i tungor så är detta vad Jesus befallde sina lärjungar innan han steg upp till himlen efter sin uppståndelse.

Verlin berättar att han aldrig är rädd eller nervös när han hanterar giftiga ormar, oavsett vilken art av orm det handlar om. Så länge guds heliga ande har kallat honom att hantera en giftig orm finns ingen rädsla. Han hanterar giftormar under gudstjänst för att det i Markusevangeliet står att man ska göra så. Att inte tjäna gud på detta vis innebär att man blir en förlorad själ, istället för att bli frälst av gud. Att hantera giftormar handlar för Verlin inte om att bevisa något för sig själv eller för övriga församlingsmedlemmar, det handlar enbart om att lyda guds befallning.

I mina skrivna frågor återkommer vi till ormbetten, vad han tänker om de som blir bitna och om det kan vara ett tecken på vacklande tro. Han skriver en längre text som börjar med att betten handlar om att gud visar oss människor att ormarna har tänder och gift och att detta är intakt hos den aktuella ormen. Han berättar att han själv blivit biten nio gånger, varav det första nästan hade dödlig utgång. Bettet hade utdelats av en melanistisk skogsskallerorm.

Detta är samma bett som han tidigare berättat om i telefon, han blev biten i naturen men åkte hem istället för att åka till sjukhus. Enligt Verlin hade hans andning ett uppehåll på 45 minuter och under denna tiden var han död. I telefon berättade Verlin för mig att han under delar av denna tid hörde sin far och andra prata, men att de inte kunde höra honom när han försökte svara. Församlingsmedlemmar bad för honom, inga läkare var inblandade, han återvände till livet för att gud besvarade församlingsmedlemmarnas böner. Ett senare bett från ett kopparhuvud gav honom en otrolig smärta, men när han lyfte händerna mot himmeln och bad till gud försvann smärtan.

Att hantera ormar eller dricka gift får inte Verlin att känna sig närmre gud, känslan som uppfyller honom när han gör det är det som ger honom känslan av guds närhet. Att sluta hantera ormarna är för Verlin inte ett alternativ då han tror på allt som står skrivet i bibeln, att sluta med denna del innebär att han i så fall måste sluta tro. Ormarna är för tron viktiga för att gud i bibeln säger att människan har makt över alla djur, att hantera giftormar följer detta. Att hantera giftormar har fått Verlin att känna sig närmre gud, att ta bort ormarna från gudstjänsterna urvattnar budskapet då man inte längre följer guds tecken. För Verlin är det inte ett alternativ att sluta med giftormarna, trots att flera nära vänner har dött av hanteringen kommer han att fortsätta följa Markusevangeliet. De negativa effekter han upplevt av giftormshanteringen handlar uteslutande om att han känt sig förföljd av omvärlden.

Han har själv aldrig sökt vård efter ett giftormsbett, men utesluter inte att han gör det i framtiden. Just detta med att söka vård är som jag tidigare skrivet något som delat utövarna i två läger. Vissa anser att det inte står skrivet att man inte får söka vård, andra anser att man ska ha tillit till gud. Verlin står med ett ben i varje läger, tolkar jag hans svar rätt så är det upp till var och en att avgöra om man vill söka vård.

Verlins åsikt om vilken effekt tv-serierna i början av 2010-talet har haft är överlag positiv. Uppmärksamheten gav enligt honom fler kyrkobesökare, nyfikna fann gud. Negativa sidor fanns också, man fick den hårda vägen lära sig att vara på sin vakt och inte lita på att alla ville berätta historien som de själva ansåg sig ha berättat den. För Verlins egna liv har hans medverkan i tv inte inneburit någon förändring.

Foto föregående sida: Kurt Longfield. Bild från Verlins privata samling, publicerad efter att Verlin fått fotografens tillstånd. På bilden ser ni Verlin i kyrkan, med en Crotalus adamanteus, östlig diamantskallerorm.

Här näst följer frågorna som jag ställde till Verlin Short. Exakt så de ställdes och exakt de svar han gav. Jag har lagt till ett kommatecken eller en punkt om det saknades, i övrigt så är det fullt ut hans svar utan ändringar. Verlins svar är i kursiv text.

Shortly, tell me how it started for you? Were your born into the congregations that practice snake handling as a part of their practice?

Yes, I was born into it. My mom and dad started going around serpent handling churches in 1972 and became believers and I was raised up into it.

When did you start to handle snakes?

13 years old at a house meeting in Perry county, Kentucky, in 1984.

How do you start? Just pick up a snake or does everybody get some form of "snake education"?

You start by living for God, and giving God your whole heart, and being willing to do all that God moves on you to do that is in his word (the Bible) and if God moves on you to carry out any of the 5 Bible signs through the anointing and spirit then you do it, it's a power from God that is not of us, but from heaven that allows us to do these things as a sign to non-believers, whether it be serpent handling, healing the sick, casting out devils, drinking poison or speaking in new tongues. (Mark 16:17-18) this is what Jesus commanded his disciples before ascending to heaven after his resurrection and is something only commanded to his followers that are the believers.

Where you nervous in the beginning and are you ever nervous now, when handling?

As long as the Holy Ghost moves on me, I'm not scared or nervous whether it be from a juvenile copperhead or something like a bush viper from South America or cobras from India or puff adders from Africa. God has moved on me to handle a 5-foot puff adder once that had never been handled and was never took from a cage or fooled with until I went to that guys house and God moved on me to handle but with the anointing there was no fear.

Why do you handle snakes under ceremony?

The reason why is because Jesus Christ commanded to his people in the 16th chapter of mark from 14th verse to the 19th verse. We do because he told us that he that believes shall be saved and he who believes not will be damned (our souls would be lost if we wasn't obedient to his word).

Is the snake handling about showing god and congregation how strong your belief is?

The reason why I take up serpents is not to show or prove anything other then what God can do through his anointing and I want to be obedient to his word in all that I do.

What do you think about them who got bitten? Is it a sign about a belief that is not strong enough?

If someone gets bit, most of the time from what I saw was God was showing people that the snakes had fangs and venom and was not altered in anyway. (Ecclesiastes 10:11) this answer is for those who I've seen bitten that have not got hurt and have gotten hurt. I have been bit 9 times and I've only been hurt once when I actually died from a rattlesnake bite when I was 21 from a black rattler up on a mountain called "high knob" in Virginia. It was roughly 3 miles from the bottom of the mountain by the time I made it to the bottom I was numb from my head to my toes from the venom and I came home and trust God with the bite believing God would heal me from the bite through the prayers of my elder brothers and sisters who came to pray for me and around 8 hours in the bite I died, I felt my spirit lift from my body and the feeling was the best feeling I've ever felt in my life and my mom and dad and the others said my eyes set like a dead person and I stopped breathing for about 45 mins and the people continued to pray and 911 was never called and they prayed until God answered their prayers and eventually I felt my spirit enter back into my body the same as it left. And I felt myself take a death breathe and let the air out of my lungs and I begin to get my sight back and hearing back within 10 minutes. (Acts 28:3-9) (Luke 10:19) (Genesis 1:26). I was bitten 8 times after that and never got hurt. I was in the mountains of Kentucky digging herbs and reached down to dig some blood root and was bitten by a northern copperhead. It started burning like fire and hurting worser then one could imagine and I lifted my hands toward heaven and begin to talk to the lord about how I've served him and done all that I knowed to do through the anointing and how I needed him to move for me and take the pain and as I layed my hands back down from praying the burning and pain had completely left me.

Does the snake handling make you feel closer to god?

It's not the snakes or the drinking of poison that make me feel closer to God but it's the spirit that moves on me to do it that makes me feel closer.

If you stopped handling snakes, would it have a negative effect on your own belief, on your relationship with god or congregation?

Yes, because if I stopped doing that then I can't do anything else for God because it all goes together with the 5 signs and the whole word, I have to believe and do the whole word as it is written.

How important are the snakes and why are they important?

(Genesis 1:26) In the beginning God said he gives us power and dominion over all creatures and sign of serpent handling follows this.

Would the message to the congregation be of lesser value for them or for you without the snakes?

Yes, because without the 5 Bible signs, 9 spiritual gifts and 5 Bible callings and the spirit moving on us to do these things it would be lesser value and not truly show the power of God and his abilities.

Under ceremony, who are allowed to pick up snakes? Everybody who wants to?

Anybody that God moves on to do it is allowed as long as they are of age 18 through and by the spirit.

Does the fact that some people have died (or gotten very ill) from snake bites under ceremony sometimes make you think about perhaps stop handling snakes?

Never, I have lost a lot of close friends down through the years, but nothing has made me back up on what Jesus had commanded us to do in the 16th chapter of Mark.

If you got bitten and start feeling very ill, would you seek medical help?

As of today at 51 years old I have not but not saying I would not but we don't know what we will do until we are in that moment.

What is your opinion about those who seek help, and about those who don´t seek help after a bite?

My opinion is positive on both sides, because one man trusted God with the bite live or die, and the person who seeks medical help live or die does not change my opinion with my salvation because the Bible says for every man to work out his own soul salvation with fear and trembling because only I know how close I am with God and only they know how close they are with god. (Philippians 2:12).

What would you say have been the long-time effects that the tv-shows (from about ten years ago? had on churches who practice snake handling?

A lot of positive has come out of it and people who have visit our churches out of curiosity have witnessed the power of God and they have been negative effects by people who were not living where they needed to be with God and that's why it's so important that we are very careful with working with editors, producers and whoever may be seeking our righteousness. We must live where we need to be with God so that no negatives come from it whether it be documentaries or books or interviews.

Did the tv-shows effect your life? How?

No, they never effected my life, I've done probably 100's of documentaries, interviews, tv shows and right books and I have never personally had a change.

What positive effects on your life have you gotten from snake handling?

It has made me grow closer to God and trust in his word and his spirit which moves on us. (Psalms 23).

What negative effects have you gotten from snake handling?

Jesus said we would be persecuted for his name sake, I've been persecuted for how I believe but it's never had a negative effect on me that has caused me to step away from this was of believing.

Is there an obvious question that I have forgotten or something you would like to add?

As a child growing up in holiness Pentecostal churches the power and anointing of God and the old people would always say it's better felt then told, there is no true explanation for the power and anointing of God you would have to seek God very close to be able to truly feel and understand this that we are speaking of amen. The power I'm speaking of is the power that I've seen raise the dead and cause the blind to see as we've heard Jesus do in the word, the same power that came upon Moses when God told Moses to raise his staff at the Red Sea and it parted the sea that allowed him and the children of Israel to pass through on dry land and deliver them from the hands of the pharaoh. (Exodus 14).

Foto: Okänd. Bild från Verlins privata samling, tyvärr en fotograferad bild vilket går ut över bildkvalitén. På bilden ser ni Verlin med en Crotalus horridus, skogsskallerorm, från Arizona.

11. Tack!

Ungefär 28 000 ord och nästan ett år senare är denna bok klar. Tack för att du valt att läsa! Hoppas att du fann både ämnet och ormarna lika fascinerande som jag gör! Det har varit intressant att leta fakta och lära sig mer om bokens ämne. Dessa pastorer har fascinerat mig i många år. Att intervjua en av dessa var det mest spännande jag gjort på länge! Min tanke med boken är att berätta en intressant historia och sprida lite fakta om arterna som används i kyrkan. Jag är inte rätt person att skriva något som är i närheten av en akademisk skrift. Statistik, tabeller och grafer blir enligt mig lite torrt och har antagligen dessutom svårt att hitta intresserade läsare.

Efter att ha korrekturläst min text kommer jag fram till att jag nog tycker att det är dåraktigt att dansa med giftormar i kyrkan och att min åsikt lyser igenom på flera ställen.
Det är en rätt otrolig idé, att riskera liv och hälsa för att bevisa för sig själv, församlingen eller gud att man har en ren tro. Att vara bokstavstroende kan verkligen ta sig ovanliga uttryck. (Bokstavstro är tron på att en religiös skrifts ordagranna innehåll.)
Jag har svårt att förstå vad som driver människorna till detta, men jag har även svårt för att förstå andra former av religionsutövande som begränsar livet eller äventyrar livet. Bara att tala i tungor, dansa som i trance eller liknande är för mig lite obehagligt och fanatiskt. Jag tror att man måste födas in i miljön eller vara någon form av "sökande själ" för att hamna inom det som många tycker är religiös fanatism.
Enligt mig är det ett trosutövande som går ut över djurens hälsa och ibland även över människors.

Man ska alltid vara försiktig med generaliseringar och fördomar. De flesta människorna från Appalachia är inte församlingsmedlemmar i dessa pingstkyrkor med giftormar.
De flesta är helt vanliga människor, som du och jag. Många i församlingarna är nog också rätt vanliga människor, men med ett ovanligt sätt att uttrycka sin tro på. Färgstarka och udda människor kan man hitta överallt, ofta är det dessa som syns

och märks. Det kan ibland vara lätt att glömma att hela världen är full av rätt vanliga människor. Vissa har kanske bara vuxit upp i en helt annan miljö än dig och mig? Det som för mig är udda, konstigt eller exotiskt är vardag för någon annan. Men djuren ska vi alltid vara rädda om.

Kort om mig:

Jag har varit intresserad av ormar hela livet. I unga år hände det att jag fångade en snok eller en kopparorm och tog med hem och hade i trädgården en stund innan den fick flytta ut i skogen igen. Man får naturligtvis inte fånga snok eller kopparorm, detta vet jag idag men den kunskapen saknades under uppväxten. Att skaffa orm som husdjur var inte ett valbart alternativ så länge jag bodde hemma, första reptilen blev istället en rödörad vattensköldpadda. När jag flyttat hemifrån skaffade jag mig min första orm, sedan dess har jag antagligen ägt drygt 200 ormar. Idag har jag strax över 30 ormar i källaren, både arter man vågar klappa och arter som har gift i sitt bett. Jag är ibland ute i vår svenska natur och fotograferar huggorm och letar gärna orm i andra länder. Att vandra i Sydostasiens natur är nöje jag tyvärr gör alltför sällan!

Jag har tidigare släppt tre böcker om ormar. Den första boken heter ”Möte med orm” och handlar om våra tre arter av orm i Sverige. Den ger även allmänna kunskaper om hur ormar fungerar, tar upp fenomenet ormrädsla och ger en del tips till de som har problem med ormar som oönskade gäster på tomten. Andra boken handlar enbart om huggormar och vänder sig till yngre läsare, titeln är rakt och enkelt ”Huggorm”. Förra boken heter ”Thailands kobror” och handlar om just dessa. Boken ger också tips på vad man som turist ska tänka på när det gäller giftormar i det sydostasiatiska landet och hur man turistar djurvänligt.

Foto: Suzanne Petersson.
Bredbandat kopparhuvud, en vuxen hona.
Eftersom jag är lite försiktigare än andra som fått utrymme i boken använder jag gärna ormkrokar.

Nästa bok är påbörjad, att vara amatörförfattare visade sig vara en rolig hobby!

Tack ännu en gång!

/Rickard

PS. Det är en fantastisk hobby, men var rädd om dina fingrar!

Wikimedia Commons / Public Domain

Foto sidan 22, 29, 30, 31, 32, 33, 39 (och omslag), 40, 41, 43, 44 *This work is in the public domain in the United States because it is a work prepared by an officer or employee of the United States Government as part of that person's official duties under the terms of Title 17, Chapter 1, Section 105 of the US Code. Note: This only applies to original works of the Federal Government and not to the work of any individual U.S. state, territory, commonwealth, county, municipality, or any other subdivision. This template also does not apply to postage stamp designs published by the United States Postal Service since 1978. (See § 313.6(C)(1) of Compendium of U.S. Copyright Office Practices). It also does not apply to certain US coins; see The US Mint Terms of Use. Great Seal of the United States (obverse).svg This file has been identified as being free of known restrictions under copyright law, including all related and neighboring rights.*

Foto sidan 24, 28 *This work is in the public domain in its country of origin and other countries and areas where the copyright term is the author's life plus 100 years or fewer. No Copyright. This work has been identified as being free of known restrictions under copyright law, including all related and neighboring rights. You can copy, modify, distribute and perform the work, even for commercial purposes, all without asking permission.*

Foto sidan 25 This media file is in the public domain in the United States. This applies to U.S. works where the copyright has expired, often because its first publication occurred prior to January 1, 1927, and if not then due to lack of notice or renewal.

Foto sidan 51 Permission is granted to copy, distribute and/or modify this document under the terms of the GNU Free Documentation License, Version 1.2 or any later version published by the Free Software Foundation; with no Invariant Sections, no Front-Cover Texts, and no Back-Cover Texts. A copy of the license is included in the section entitled GNU Free Documentation License.
The author died in 1805, so this work is in the public domain in its country of origin and other countries and areas where the copyright term is the author's life plus 100 years or fewer. This work is in the public domain in the United States because it was published (or registered with the U.S. Copyright Office) before January 1, 1927.

Foto sidan 42 This file is made available under the Creative Commons CC0 1.0 Universal Public Domain Dedication.
The person who associated a work with this deed has dedicated the work to the public domain by waiving all of their rights to the work worldwide under copyright law, including all related and neighboring rights, to the extent allowed by law. You can copy, modify, distribute and perform the work, even for commercial purposes, all without asking permission.

Foto sidan 68 This image is in the public domain because it is a mere mechanical scan or photocopy of a public domain original, or – from the available evidence – is so similar to such a scan or photocopy that no copyright protection can be expected to arise. The original itself is in the public domain for the following reason:
This work is in the public domain in its country of origin and other countries and areas where the copyright term is the author's life plus 100 years or fewer.